UI交互设计系列丛书

Photoshop CC 设计与制作攻略

车云月　主编

清华大学出版社
北　京

内容简介

作为专业的图像编辑软件，Photoshop是平面设计师、网页设计师、界面设计师最常用的工具之一。

本书以循序渐进的方式详细解读了图像基本操作、选区、图层、绘画、颜色调整、照片修饰、CameraRaw、路径、文字、滤镜、外挂滤镜和插件、Web、视频和动画、3D和动作等功能，深入剖析了图层、蒙版和通道等软件核心功能与应用技巧，内容基本涵盖了Photoshop CC全部工具和命令。读者在动手实践的过程中可以轻松掌握软件使用技巧，了解设计项目的制作流程，真正做到学以致用。

图书在版编目（CIP）数据

Photoshop CC设计与制作攻略 /车云月主编. —北京：清华大学出版社，2017
（UI交互设计系列丛书）
ISBN 978-7-302-46323-8

Ⅰ. ①P… Ⅱ. ①车… Ⅲ. ①图象处理软件 Ⅳ. ①TP391.41

中国版本图书馆CIP数据核字（2017）第021346号

责任编辑： 杨静华
封面设计： 王 艳
版式设计： 刘艳庆
责任校对： 赵丽杰
责任印制： 杨 艳

出版发行： 清华大学出版社
网 址： http://www.tup.com.cn，http://www.wqbook.com
地 址： 北京清华大学学研大厦A座 **邮 编：** 100084
社 总 机： 010-62770175 **邮 购：** 010-62786544
投稿与读者服务： 010-62776969，c-service@tup.tsinghua.edu.cn
质量反馈： 010-62772015，zhiliang@tup.tsinghua.edu.cn
印 装 者： 小森印刷（北京）有限公司
经 销： 全国新华书店
开 本： 185mm×260mm **印 张：** 12.75 **字 数：** 285千字
版 次： 2017年4月第1版 **印 次：** 2017年4月第1次印刷
印 数： 1～2500
定 价： 59.80元

产品编号：074038-01

编委会成员

本书说明

《Photoshop CC 设计与制作攻略》是系统学习 Photoshop 图形图像处理的工具书。本书从认识 Photoshop 到深入掌握图形图像处理的基本方法与技能，再到深入探索使用 Photoshop 设计和制作图像，由浅入深地培养读者综合应用 Photoshop 的技能和独立设计的能力。

本书通过案例贯穿进行技能讲解，循序渐进地讲述了如何使用 Photoshop 实现平面设计、移动端 UI 设计和网页设计。

本书适用人群

Photoshop 是设计类专业的基础课程，要求读者具备美术基础知识。本书适用于高校学生，也可以作为对设计感兴趣的读者的自学用书。本书在讲解过程中应用了大量真实案例，内容由浅入深、通俗易懂，能够帮助读者快速掌握 Photoshop 图形图像处理技术。

章节内容

- 第 1、2 章：Photoshop 的基础部分，主要讲解了有关图像处理的相关概念，以及 Photoshop 处理图像文件的基本操作。
- 第 3、4 章：Photoshop 图像操作部分，Photoshop 的核心功能就是对图像的处理，主要讲解了图像的绘制及其工具的操作、图像修饰及其工具的操作、图像色彩调整与校正的操作。
- 第 5 ～ 8 章：Photoshop 功能操作部分，Photoshop 处理图像是通过图像的堆叠和特定区域处理来实现的。通过第 5 ～ 8 章，读者可对图层、选区、蒙版、路径、通道的原理及其操作进行深入学习。
- 第 9 章：Photoshop 在平面设计中的应用，运用本章所学的知识和技能可完成 Logo 和海报的设计制作。
- 第 10 章：Photoshop 在手机 UI 设计中的应用，运用本章所学的知识和技能可完成手机图标和手机页面的设计制作。
- 第 11 章：Photoshop 在网页设计中的应用，运用本章所学的知识和技能可完成网站 banner（横幅广告）和网页的设计制作。

本书最大的特点是以案例为主，在实践中学习技能点，学好 Photoshop 需要一步一步打好基础，要多思考、多动手，勤于练习，勤于实践，熟能生巧。

在本书的编写过程中，新迈尔（北京）科技有限公司教研中心通过岗位分析、企业调研，为求将最实用的技术呈现给读者，以达到我们培养技能型专业人才的目标。

虽然我们经过了精心的编审，但也难免存在不足之处，希望读者朋友提出宝贵的意见，以趋完善，在使用中遇到任何问题请发邮件至 zhoux@itzpark.com，在此表示衷心感谢。

技术改变生活，新迈尔与您一路同行！

前 言

近年来，移动互联网、大数据、云计算、物联网、虚拟现实、机器人、无人驾驶、智能制造等新兴产业发展迅速，但国内人才培养却相对滞后，存在“基础人才多、骨干人才缺、战略人才稀，人才结构不均衡”的突出问题，严重制约着我国战略新兴产业的快速发展。同时，“重使用、轻培养”的人才观依然存在，可持续性培养机制缺乏。因此，建立战略新兴产业人才培养体系，形成可持续发展的人才生态环境刻不容缓。

中关村作为我国高科技产业中心、战略新兴产业的策源地、创新创业的高地，对全国的战略新兴产业、创新创业的发展起着引领和示范作用。基于此，作者所负责的新迈尔（北京）科技有限公司依托中关村优质资源，聚集高新技术企业的技术总监、架构师、资深工程师，共同开发了面向行业紧缺岗位的系列丛书，希望能缓解战略新兴产业需要快速发展与行业技术人才匮乏之间的矛盾，能改变企业需要专业技术人才与高校毕业生的技术水平不足之间的矛盾。

优秀的职业教育本质上是一种更直接面向企业、服务产业、促进就业的教育，是高等教育体系中与社会发展联系最密切的部分。而职业教育的核心是“教”“学”“习”的有机融合、互相驱动，要做好“教”必须要有优质的课程和师资，要做好“学”必须要有先进的教学和学生管理模式，要做好“习”必须要以案例为核心、注重实践和实习。新迈尔（北京）科技有限公司通过对当前国内高等教育现状的研究，结合国内外先进的教育教学理念，形成了科学的教育产品设计理念、标准化的产品研发方法、先进的教学模式和系统性的学生管理体系，在我国职业教育正在迅速发展、教学改革日益深入的今天，新迈尔（北京）科技有限公司将不断深入和推广先进的、行之有效的人才培养经验，以推动整个职业教育的改革向纵深发展。

通过大量企业调研，目前 UI/UE 交互设计师岗位面临着人才供不应求的局面，与过去相比，企业对于 UI/UE 设计师的要求在不断提高，过去的平面设计师已经很难满足企业要求，本系列教材覆盖平面设计、创意设计、移动 UI 设计、网站设计、交互设计、Web 前端开发等模块，教学和学习目标是让学习者能够胜任 UI 交互设计师岗位，不仅会熟练使用设计软件进行平面、移动 App 和网站设计，还能够根据不同行业、产品和用户进行创意设计，能够更加注重所设计产品的商业价值和用户体验。

以任务导向、案例教学、注重实战经验传递和创意训练是本系列丛书的显著特点，改变了先教知识、后学应用的传统学习模式，根治了初学者对技术类课程感到枯燥和茫然的学习心态，激发学习者的学习兴趣，打造学习的成就感，建立对所学知识和技能的信心，是对传统学习模式的一次改进。

UI/UE 交互设计系列丛书具有以下特点：

以就业为导向：根据企业岗位需求组织教学内容，就业目的非常明确；

以实用技能为核心：以企业实战技术为核心，确保技能的实用性；

以案例为主线：从实例出发，采用任务驱动教学模式，便于掌握，提升兴趣，本质上提高学习效果；

以动手能力为合格目标：注重培养实践能力，以是否能够独立完成真实项目为检验学习效果的标准；

以项目经验为教学目标：以大量真实案例为教与学的主要内容，完成本课程的学习后，相当于在企业完成了上百个真实的项目。

信息技术的快速发展正在不断改变人们的生活方式，新迈尔（北京）科技有限公司也希望通过我们全体同仁和您的共同努力，让您真正掌握实用技术，让您变成复合型人才。让您能够实现高薪就业和技术改变命运的梦想，在助您成功的道路上让我们一路同行。

作者语

2017 年 2 月于新迈尔（北京）科技有限公司

目录

第 1 章 初识Photoshop CC 1

第 2 章 Photoshop的基本操作 13

第6章 文字工具 92

第7章 图层与蒙版 104

第8章 滤镜与通道 125

第 1 章

初识Photoshop CC

本章简介

Photoshop 是 Adobe 公司开发和发行的图像处理软件，使用其众多的编辑和绘画工具，可以有效地进行图片编辑工作。Photoshop 有很多功能，在图像、图形、文字、出版等方面均有建树。

作为专业的图像编辑软件，Photoshop 是平面设计师、网页设计师、界面设计师最常用的工具之一。

本章主要介绍 Photoshop 入门的基础知识，包括图像色彩模式等概念和 Photoshop 操作面板布局及基本操作。

本章工作任务

Photoshop 广泛应用于平面设计、网页设计、视觉创意合成等设计方向，深受广大艺术设计人员的喜欢。通过本章的学习，读者可掌握图像处理中的常用概念及术语，熟悉 Photoshop 操作界面，查看图像的细节，快速入门 Photoshop。

本章技能目标

- 掌握常用图片文件格式、色彩模式等知识点。
- 掌握 Photoshop 的界面和工作区的布局和功能。
- 掌握 Photoshop 的基本操作。

预习作业

（1）位图与矢量图有什么区别？像素与分辨率又有什么关系？常用的图像存储格式有哪几种？

（2）图像界面调整需要哪些工具？图像文件的相关操作有哪些？

（3）总结本章中的相关快捷方式。

1.1 图像的相关知识

1.1.1 位图与矢量图

计算机绘图分为位图（又称点阵图）和矢量图像两大类，了解二者的特色和差异，有助于创建、输入、输出、编辑和应用数字图像。位图图像和矢量图像没有好坏之分，只是用途不同。因此，整合位图图像和矢量图形的优点，才是处理数字图像的最佳方式。

1. 位图

位图与分辨率有关，即在一定面积的图像上包含有固定数量的像素。因此，如果在屏幕上以较大的倍数放大显示图像，或以过低的分辨率打印，位图图像会发虚，以至于观察到组成图像的像素点，如图 1.1 所示。

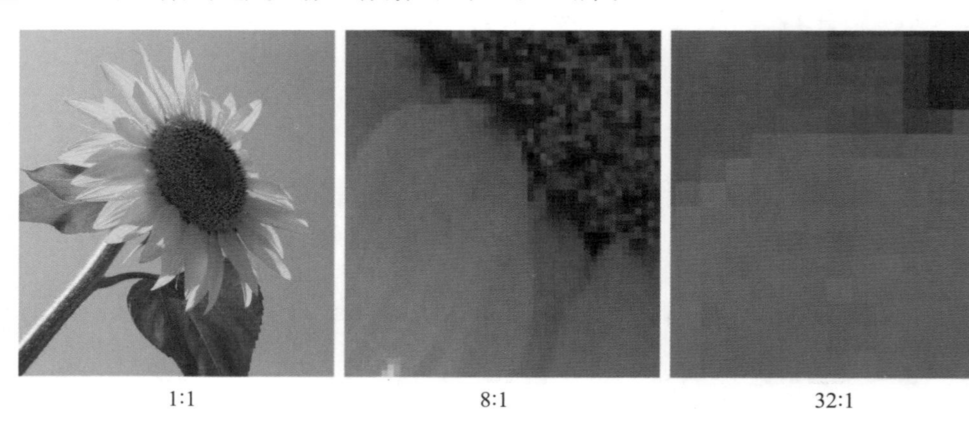

1:1　　8:1　　32:1

图 1.1　位图放大效果

2. 矢量图像

矢量图像，也称为面向对象的图像或绘图图像，在数学上定义为一系列由线连接的点。基于矢量的绘图与分辨率无关。

1.1.2 像素与分辨率

通常，在 Photoshop 中进行图像处理是指对位图进行修饰、合成以及校色等操作。在 Photoshop 中，图像的清晰度是由像素和分辨率来控制的。

1. 像素

像素是构成位图的基本单位。通常情况下，一张普通的数码照片必须有连续的色相和明暗过渡。如果把数字图像放大倍数，则会发现这些连续色调是由许多色彩相近的小方点组成，这些小方点就是构成图像的最小单位——像素（px），如图 1.2 所示。

2. 图像分辨率

图像分辨率主要用于控制位图中的细节精细度，测量单位是像素 / 英寸（ppi）。

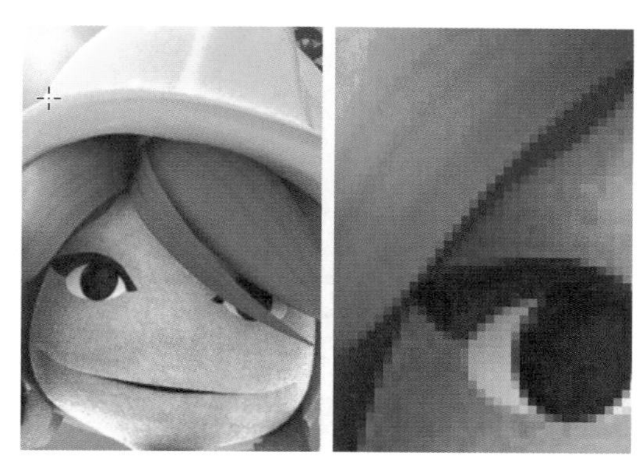

图 1.2　像素

1.1.3　图像的色彩模式

图像的色彩模式是指将某种颜色变现为数字表示的模式，或者说是一种记录图像颜色的方式。在 Photoshop 中，颜色模式分为位图模式、灰度模式、双色调模式、索引颜色模式、RGB 颜色模式、CMYK 颜色模式、Lab 颜色模式和多通道模式，如图 1.3 所示。

图 1.3　图像的颜色模式

在实际工作中，主要应用的色彩模式有以下几种。

1. RGB 颜色模式

RGB 颜色模式是屏幕显示的最佳模式，由 3 种基本颜色组成：R（红）、G（绿）、B（蓝），在屏幕上出现的颜色都是由改变这 3 种基本颜色的比例值形成的。

2. CMYK 颜色模式

CMYK 颜色分别表示 Cyan（青）、Magenta（洋红）、Yellow（黄）、Black（黑），在印刷中代表 4 种颜色的油墨。CMYK 色彩模式是用于制作高质量彩色出版物的印刷油墨的颜色模式。

3. Lab 颜色模式

Lab 颜色模式是一种独立于设备存在的色彩模式，不受任何硬件性能的影响。

Lab 中的数值描述正常视力的人能够看到的所有颜色。由于其能表现的颜色范围最大，因此在 Photoshop 中，Lab 颜色模式是从一种颜色模式转变到另一种颜色模式的中间形式。

4. 灰度模式

灰度模式在图像中使用不同的灰度级。在 8 位图像中，最多有 256 级灰度。灰度图像中的每个像素都有一个 0（黑色）～ 255（白色）之间的亮度值。要将彩色图像转换成高品质的黑白图像，Photoshop 会扔掉原图像中所有的颜色信息，被转换像素的灰度（色度）表示原像素的亮度。

1.1.4 图像格式介绍

图像文件格式就是存储图像数据的方式，决定了图像的压缩方法、支持何种 Photoshop 功能，以及是否与一些文件相兼容等属性。位图的文件格式种类繁多，常见的主要有以下几种。

1. JPEG 格式

JPEG（.jpg）格式支持上百万种颜色，压缩比相当高，且图像质量受损不太大，适合于照片。但经过压缩的 JPEG 图像一般不适合打印，在备份重要文件时最好也不要使用 JPEG 格式。

2. GIF 格式

GIF（.gif）格式支持背景透明；可以将单帧的图像组合起来轮流播放每一帧而成为动画；支持图形渐进，可以让浏览者更快地知道图像的概貌；支持无损压缩。GIF 格式的缺点是只有 256 种颜色，这对于高质量的图像来说是不够的。

3. PNG 格式

PNG（.png）格式是一种新型 Web 图像格式，结合了 GIF 的良好压缩功能和 JPEG 的无限调色板功能。

4. PSD 格式

PSD（.psd）格式是 Photoshop 的默认存储格式，能够保存图层、蒙版、通道、路径、未栅格化文字、图层样式等。一般情况下，保存文件都采用这种格式，以便随时进行修改。

5. BMP 格式

BMP（.bmp）格式是微软开发的固有格式，这种格式被大多数软件所支持。BMP 格式采用了一种名为 RLE 的无损压缩方式，对图像质量不会产生什么影响。BMP 格式主要用于保存位图图像，支持 RGB、位图、灰度和索引颜色模式，但是不支持 Alpha 通道。

6. TIFF 格式

TIFF（.tiff）格式是一种应用广泛的行业标准位图文件格式，具有任意大小的尺寸和分辨率。工作中几乎所有涉及位图的应用程序都能处理 TIFF 的格式文件，无论是置入、打印、修整还是编辑位图。TIFF 格式可包含压缩和非压缩图像数据。

1.2 Photoshop CC 简介

1.2.1 认识 Photoshop

Adobe Photoshop 简称 PS，是由 Adobe 公司旗下最出名的图像处理软件之一。

Photoshop 主要处理以像素所构成的数字图像，集成了编辑、修复、调色、合成、特效等多种功能，深受用户的喜欢。当代社会的高速发展，对于从事设计工作的人员提出了更高的要求，作品不仅要求无瑕疵、视觉冲击力强，更多的时候还需要添加更多的创意元素在其中。这些创意元素是难以通过摄影、绘制达成的，通常是摄影为前期的工作，使用 Photoshop 进行后期的创意合成、调色，为创意思维扩展了更广阔的空间。

在 Photoshop 7.0 之前，其版本都是按照数字的序列命名。直到 2003 年，Adobe Photoshop 8.0 被更名为 Adobe Photoshop CS（CS 是指 Creative Suite，即创意集合，代表了一个统一的设计环境）。2013 年 7 月，Adobe 公司推出了新版本的 Photoshop CC（CC 是指 Creative Cloud，即云服务下的新软件平台），至此，Photoshop CS6 作为 Adobe CS 系列的最后一个版本被新的 CC 系列取代。截至 2016 年 6 月，Adobe Photoshop CC 2015 为市场最新版本，Photoshop CC 2015 启动界面如图 1.4 所示。

图 1.4　Photoshop CC 2015 启动页

1.2.2 Photoshop 操作界面

Photoshop 是一个可视化的操作工具，提供了一个强大的、集合了很多工具及菜单的操作面板，通过操作面板可以基本实现文件的处理操作。启动 Photoshop CC 后，即可进入其工作界面。该工作界面主要由菜单栏、选项栏、标题栏、工具箱、状态栏、文档窗口及各式各样的面板组成，如图 1.5 所示。

图 1.5　Photoshop 的操作面板

- 菜单栏：其中包含 11 组菜单，单击任意菜单项，即可打开相应的下拉菜单。
- 标题栏：显示文件的名称、格式、窗口缩放比例以及颜色模式等信息。
- 文档窗口：用来绘制、编辑图像。
- 工具箱：集合了大部分工具。
- 选项栏：主要用来设置工具的参数选项，不同工具的选项栏也不同。
- 状态栏：用于显示当前文档的大小、文档尺寸、当前工具和窗口缩放比例等信息。
- 面板：主要用来配合图像的编辑、对操作进行控制以及设置参数等。每个面板的右上角都有一个图标，单击该图标可以打开该面板的设置菜单，如图 1.6 所示。如果要打开某个面板，可以在菜单栏中单击“窗口”菜单项，在弹出的下拉菜单中选择相应面板，即可将其打开，如图 1.7 所示。

图 1.6　面板设置菜单

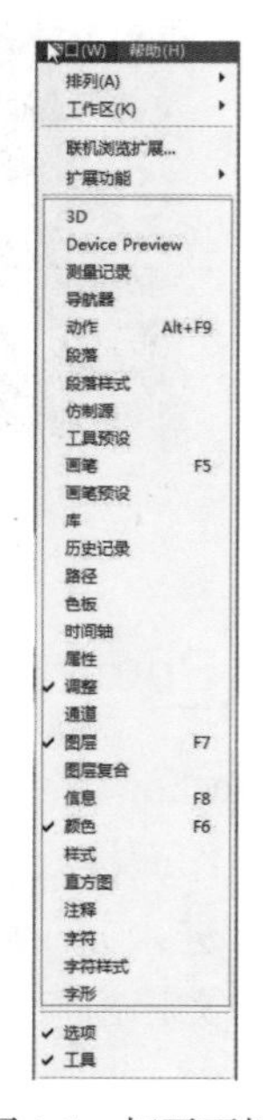

图 1.7　打开面板

小技巧

文档窗口、面板的一些操作如下。

(1) 拆分一个面板组或将单独的一个面板与其他的面板组合在一起，将鼠标指针放置在其名字上，拖曳到合适位置即可。

(2) 工具箱、面板顶部有“折叠”图标或者“展开”图标，可以将工具箱显示为双栏模式或者单栏模式，或将面板折叠或展开。

(3) 当打开多幅图像时，文档窗口会按选项卡的方式进行显示。拖曳文档名字，可以调整文档的顺序，也可以拖曳某一文档窗口的标题栏，将其设置为浮动窗口。

1.3 查看图像细节

➢ 素材准备

“花 .jpg”如图 1.8 所示。

➢ 完成效果

查看素材中“水”的细节，效果如图 1.9 所示。

图 1.8　花 .jpg

图 1.9　查看“水”的细节

➢ 案例分析

缩放工具和抓手工具在实际工作中使用的频率相当高，主要用于查看图像中某个特定区域的图像细节。

1.3.1　使用缩放工具（Z）放大 / 缩小图像

使用缩放工具可以将图像的显示比例进行放大和缩小。

单击“放大”按钮，可以切换到放大模式，在画布中单击可以放大图像；单击“缩小”按钮，可以切换到缩小模式，在画布中单击可以缩小图像，如图 1.10 所示。

图 1.10　缩小与放大

小技巧

图像放大与缩小的快捷方式如下。

(1) 如果当前是放大模式，那么按住 Alt 键可以切换为缩小模式，反之亦然。

(2) 按 Ctrl++ 快捷键，可以放大窗口比例；按 Ctrl+– 快捷键，可以缩小窗口比例。

(3) 按 Ctrl+0 快捷键，可以使图像完整地在窗口中显示；按 Ctrl+1 快捷键，可以使图像按照实际的像素比例显示出来。

(4) 按住 Alt 键，同时上下滚动鼠标滚轮，可以放大或缩小图像。

1.3.2　使用抓手工具（H）查看图像

抓手工具与缩放工具一样，在实际工作中的使用频率很高。当放大一幅图像后，可以使用抓手工具将图像移动到特定的区域查看，如图 1.11 所示。

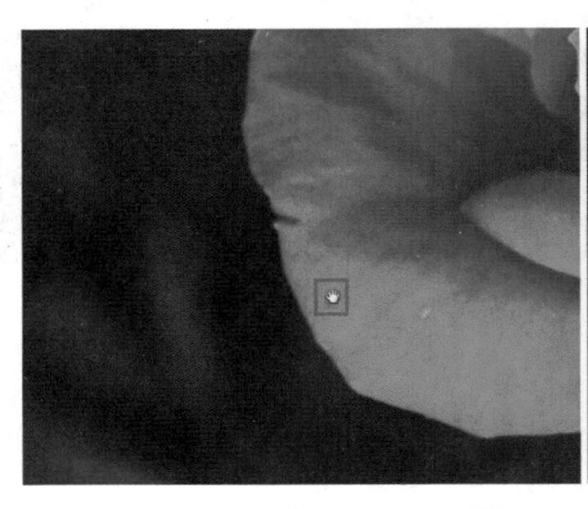

图 1.11　抓手工具

在工具箱中单击“抓手工具”按钮，可以激活抓手工具。

小技巧

临时切换抓手工具的方法如下。

在使用其他工具编辑图像时，可以按住 Space 键临时切换抓手工具状态，当释放 Space 键时，系统自动切换回所使用工具的状态。

1.3.3 使用“排列”命令排列窗口

在 Photoshop 中打开多个文档时，可以选择文档的排列方式。在“窗口 > 排列”菜单下可以选择一个合适的排列方式，如图 1.12 所示。

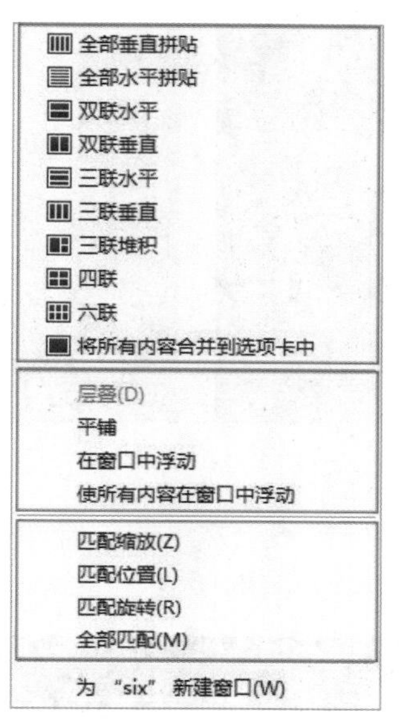

图 1.12 排列方式

小技巧

选择合适的“屏显模式”的方法如下。

在工具箱中右击“更改屏幕模式”按钮，选择合适的屏显模式，如图 1.13 所示。按快捷键 F 或 Esc 退出全屏模式，按 Tab 键将切换到带有菜单栏的全屏模式。

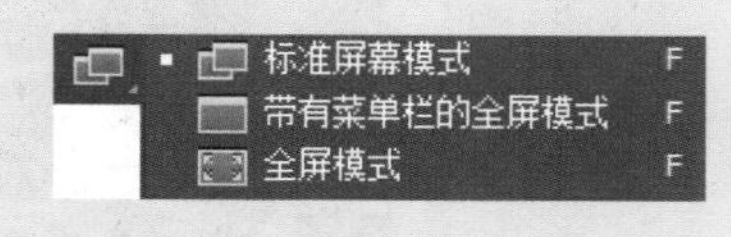

图 1.13 屏幕模式

1.3.4 实现案例——使用缩放和抓手工具查看图像细节

➢ 素材准备

“花.jpg”如图 1.8 所示。

➢ 完成效果

查看素材中“水”的细节，效果如图 1.9 所示。

➢ 思路分析

★ 使用缩放工具放大图像。

★ 使用移动工具移动“花”至“水”的位置。

➢ 实现步骤

（1）打开“花.jpg”，在 Photoshop 窗口中的显示效果如图 1.14 所示。

（2）选择缩放工具，然后在选项栏中单击“放大”按钮，在画布中连续单击，可以不断地放大图像显示比例（或者可不切换工具，连续使用快捷键 Ctrl++ 也可以不断放大图像显示比例），如图 1.15 所示。

图 1.14 “花.jpg”初始状态

图 1.15 使用缩放工具将“花.jpg”放大

（3）选择抓手工具，拖曳鼠标到“水”的位置即可查看“水”的细节（或者不切换工具，按住 Space 键操作），如图 1.16 所示。

图 1.16 使用抓手工具移动到“水”的区域

技能训练

实战案例 1：面板排排看

➢ 需求描述

将工作区设置成指定的面板样式，如图 1.17 所示。

➢ 技术要点

掌握 Photoshop 软件面板和工作区的安排。

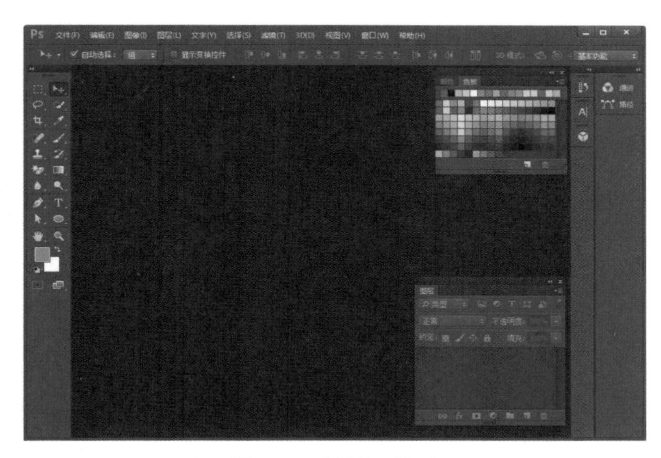

图 1.17　设置工作区

➢　实现思路

根据理论课讲解的技能知识，完成如图 1.17 所示效果，应从以下两点予以考虑。

★　鼠标按住调板标题栏，移动调板位置。

★　可通过选择“窗口”菜单选择显示 / 隐藏调板。

实战案例 2：按钮瘦身

➢　需求描述

将 TIF 格式的“开关机按钮 .tif”转换为 PNG 格式，完成效果如图 1.18 所示。前面已经讲过，TIF 格式的文件包含比较多的色彩信息，甚至包含图层信息，但其致命缺点就是文件体积较大。本案例素材用图大小为 991KB，通过将图片文件格式转换为 PNG 格式，在不影响外观的情况下，此文件缩小到 28KB，如图 1.19 所示。

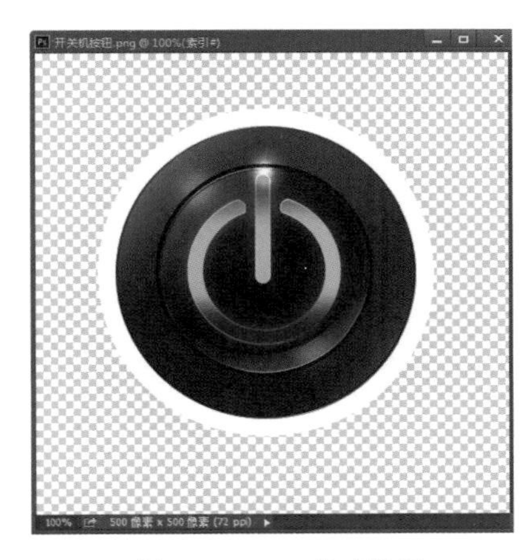

图 1.18　PNG 格式按钮

开关机按钮	PNG 图像	28 KB
开关机按钮	TIF 文件	991 KB

图 1.19　转换为图片文件格式大小对比

➢　技术要点

★　将图片存为 PNG 格式。

★　转换图片文件的格式。

➢ 实现思路

根据理论课讲解的技能知识，完成如图 1.19 所示效果，应从以下两点予以考虑。

★ TIF 格式和 PNG 格式优缺点的比较。

★ 保存图片为 PNG 格式。

实战案例 3：改变图片的色彩模式

➢ 需求描述

“彩色房子 .jpg”如图 1.20 所示，将其 RGB 色彩模式改变成 CMYK 色彩模式，如图 1.21 所示。

图 1.20 彩色房子 .jpg

图 1.21 彩色房子 .jpg（CMYK 模式）

➢ 技术要点

★ 转换色彩模式。

★ 了解几种常见色彩模式的相关概念与区别。

➢ 实现思路

★ 改变文件的色彩模式。

★ 存储为指定的色彩模式。

本 章 总 结

➢ 本章学习了 Photoshop 工作区的使用。在设计网页时，可以按照个人的习惯，对工作区进行合理的配置。如果找不到某个工具条，可以从菜单栏“窗口”菜单里找到并选中，或选择菜单“窗口 > 工作区 > 基本功能（默认）”以恢复设置。

➢ 通过本章的学习，了解网页设计中常用的几种色彩模式，掌握它们之间的转换。

➢ 缩放工具和抓手工具是比较常用的操作工具。

➢ 以后工作学习的过程中要养成随时保存文档的好习惯，因为 Photoshop 没有自动保存功能，一旦意外退出或许会造成不可估量的损失。

第 2 章

Photoshop的基本操作

本章简介

Photoshop 作为进行图像绘制和处理的工具软件，具有很多强大的功能。要全面掌握并熟练使用这些功能，首先必须对 Photoshop 中的基本操作非常了解，本章将结合实际应用对 Photoshop 的基本操作方法进行详细介绍。

本章工作任务

Photoshop 主要用于处理图像文件。通过学习本章，可以新建图像文件、置入矢量图像文件、保存文件；可以对图像的大小进行相应的裁切和扩展，可以使用变换和自由变换，对图像进行扭曲、斜切、变形等。

本章技能目标

- 掌握文件的基本操作。
- 掌握剪切、复制、粘贴的方法。
- 掌握图像变换的方法。

预习作业

（1）新建文件应注意什么问题？置入文件的流程是什么？

（2）裁剪工具的使用方法是什么？常见的辅助工具有哪些？

（3）变换有哪几种？自由变换操作的快捷方式有哪些？

（4）总结本章中的相关快捷方式。

2.1 使用“置入”命令制作海报

➢ 素材准备

“背景 .jpg”（如图 2.1 所示）以及“矢量文字 .eps”。

➢ 完成效果

置入矢量文字后，效果如图 2.2 所示。

图 2.1 背景 .jpg

图 2.2 海报效果

➢ 案例分析

在进行图像合成的过程中，经常会用到矢量文件，这时需要用到矢量文件置入的知识点。

2.1.1 新建文件

新建文件可根据个人需要设置文档的大小、分辨率以及色彩模式。选择菜单“文件 > 新建”（Ctrl+N），弹出“新建”对话框，如图 2.3 所示。

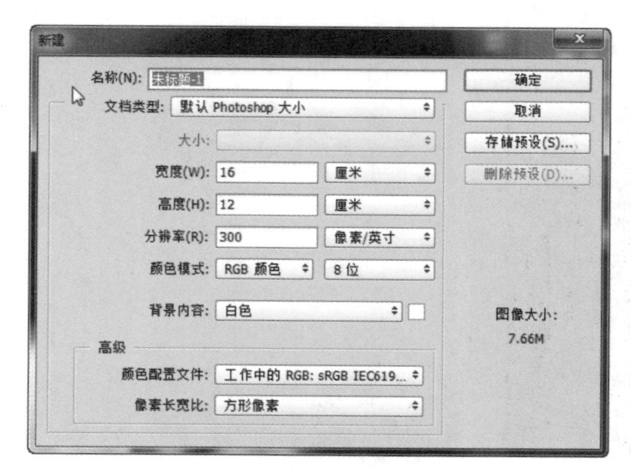

图 2.3 “新建”对话框

- 名称：图像的名称，默认的名称是“未标题 -1”；若多次创建文件，默认的名称会依次增加序列号的数值。
- 宽度、高度：在文本框中输入具体数值，以设置宽度和高度。
- 分辨率：一般用于网页的文件分辨率为 72 像素 / 英寸，印刷的文件由于尺寸大小不同，一般要在 150 ～ 300 像素 / 英寸。大型喷绘广告的分辨率根据尺寸而定。
- 颜色模式：一般用于网页的文件，选择 RGB 颜色。
- 背景内容：选择画布颜色选项，包括用白色填充背景层、用当前的背景色填充背景层以及没有背景层（第一个图层透明）。

2.1.2 打开 / 置入文件

Photoshop 可以打开和导入多种格式的图像文件，可用的格式会出现在“打开”对话框中。选择菜单“文件 > 打开”（Ctrl+O），在弹出的对话框中选择要打开的文件即可，还可以在“文件类型”下拉列表框中设置按类型查找要打开的文件，如图 2.4 所示。

图 2.4 “打开”对话框

在进行图像编辑合成的过程中，经常会用到矢量文件中的部分素材。Photoshop 可以“置入”的方式将矢量文件导入，或者直接从 Illustrator 中复制部分元素。

2.1.3 保存 / 关闭文件

在 Photoshop 中编辑图像文件及完成编辑后，需要及时进行保存，以避免在出现 Photoshop 程序错误、计算机程序错误以及断电等意外情况时，导致不必要的损失。

利用“文件 > 存储”命令（Ctrl+S）保存文件时，将按照当前编辑的图像状态格式和名称进行保存，如果是新建文件，在执行“文件 > 存储”命令（Ctrl+S）时，会弹出“另存为”对话框，如图 2.5 所示。执行“文件 > 存储为”命令（Shift+Ctrl+S），也会弹出“另存为”对话框，在其中进行相应的设置操作，可以将文件保存到另一个位置或以另一个文件名进行保存。

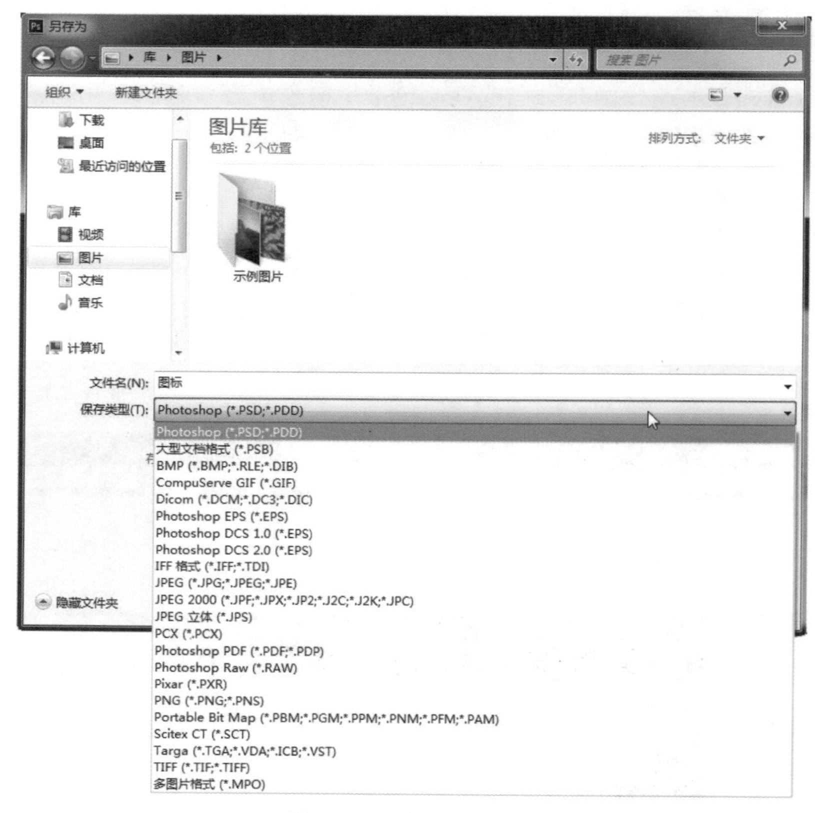

图 2.5 “另存为”对话框

当编辑完图像后，首先要保存文件，然后将其关闭，执行“文件 > 关闭”命令（Ctrl+W）或者单击文档窗口标题栏上的“关闭”按钮，可以关闭当前处于激活状态的文件；执行“文件 > 关闭全部”命令（Ctrl+Alt+W），可以快速关闭所有文件。

2.1.4 实现案例——转换色彩模式给“女孩”变色

➢ 素材准备

“背景 .jpg”（如图 2.1 所示）以及“矢量文字 .eps”。

➢ 完成效果

完成效果如图 2.2 所示。

➢ 思路分析

★ 矢量文件的优势。

★ 置入矢量文件。

➢ 实现步骤

（1）打开“背景 .jpg”文件。

（2）执行“文件 > 置入嵌入的智能对象”命令，在弹出的对话框中选择要置入的“矢量文字 .eps”文件，然后单击“置入”按钮即可，如图 2.6 所示。

图 2.6 “置入嵌入对象”对话框

（3）置入“矢量文字”文件后，“矢量文字”处于变换状态，可以进行缩放、变换等操作，如图 2.7 所示。变换操作完后，双击“矢量文字”图像区域，确认。

（4）若矢量文字需要继续编辑，可以双击“矢量文字”缩略图，进入 Illustrator 软件中对文件进行操作，操作完成后将其保存（Ctrl+S），在 Photoshop 中的“矢量文字”也随之改变，如图 2.8 所示。

图 2.7 置入智能对象

图 2.8 编辑智能对象

（5）操作完成，效果如图 2.9 所示。完成后保存文件。

图 2.9　完成效果

小技巧

“置入嵌入的智能对象”与“置入链接的智能对象”的区别。

链接智能对象是从 Photoshop CC 开始引入的，嵌入式智能对象均封装在 PSD/PSB 文件中，所需文件数量少，但是当嵌入很多智能对象时，文件就会变得很大，不利于多人协作或者共用智能对象时的更新，使用链接智能对象就可以分别修改各自的部分，下一次打开文件时，修改的各部分会自动更新。

2.2 使用裁剪工具制作头像

➢ 素材准备

“正装 .jpg”如图 2.10 所示。

➢ 完成效果

裁剪后，效果如图 2.11 所示。

图 2.10　正装 .jpg

图 2.11　一寸照

➢ 案例分析

要得到如图 2.11 所示的效果图，需要对“正装.jpg”文件进行裁剪，在 Photoshop 中就需要用到裁剪工具。

2.2.1 修改图像大小

通常情况下，对于图像，用户最关注的属性主要是尺寸、大小以及分辨率，尺寸大的图像所占存储空间也要相对大一些。

执行“图像 > 图像大小”命令（Ctrl+Alt+I），打开“图像大小”对话框，根据需求进行相关设置，如图 2.12 所示。更改图像的像素大小不仅会影响图像在屏幕上的大小，还会影响图像的质量及其打印特性。

图 2.12 “图像大小”对话框

小技巧

缩放比例与像素大小的区别如下。

使用缩放工具缩放图像时，改变的是图像在屏幕中的显示比例。也就是说，无论如何放大或缩小图像的显示比例，图像本身的大小和质量并没有发生任何变化。而当调整图像的大小时，改变的是图像的大小和分辨率等，因此图像的大小和质量都发生了改变。

2.2.2 修改画布大小

1. 使用“画布大小”命令修改画布大小

画布是指整个文档的工作区域。执行“图像 > 画布大小”命令，在弹出的“画布大小”对话框中可以对画布的宽度、高度、定位和扩展颜色等进行调整，如图 2.13 所示。

2. 使用裁剪工具修改画布大小

裁剪是指移去部分图像，以突出或加强构图效果的过程，使用裁剪工具可以裁剪掉多余的图像，并重新定义画布大小。

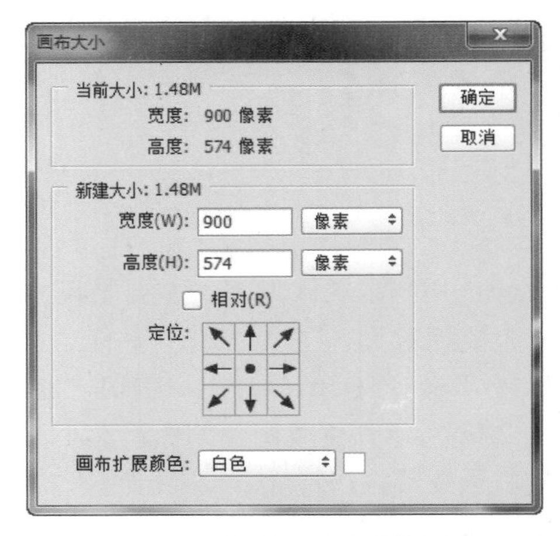

图 2.13 “画布大小”对话框

- 裁剪工具（C）：选择裁剪工具，在图画中调整裁剪框，以确定需要保留的部分。或拖曳出一个新的裁切区域，然后按 Enter 键或双击即可完成裁剪，如图 2.14 所示。
- 透视裁剪工具（C）：使用透视裁剪工具可以在要裁剪的图像上制作出带有透视感的裁剪框，裁剪后可以使图像带有明显的透视感，如图 2.15 所示。

图 2.14 裁剪工具

图 2.15 透视裁剪工具

小技巧

“裁剪”命令和“裁切”命令的使用方法如下。

打开一幅图像，绘制所需要的选区，执行“图像 > 裁剪”命令，选区以外的区域被裁剪掉了；使用“裁切”命令可以基于像素的颜色来裁剪图像，执行“编辑 > 裁切”命令，在“裁切”对话框中可以设置相关裁剪位置及删减对象，如图 2.16 所示。

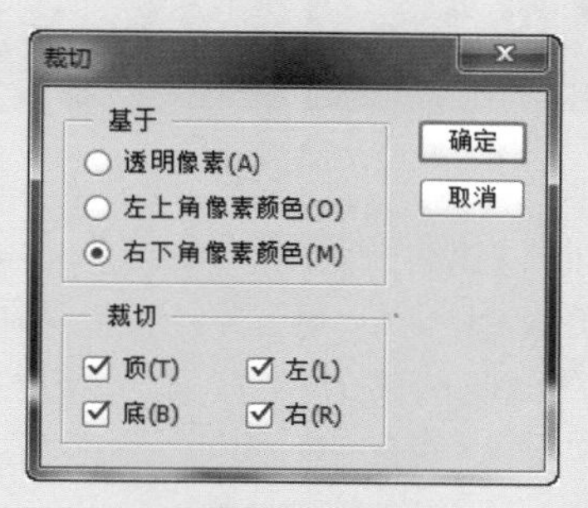

图 2.16 “裁切”对话框

2.2.3 剪切 / 复制 / 粘贴图像

Photoshop 中剪切、复制和粘贴功能与其他软件中的剪切、复制和粘贴功能是完全相同的。可以通过简单的命令对图像进行剪切、复制和粘贴等操作。

1. 剪切与粘贴

使用选区工具在图像中创建选区后，执行“编辑 > 剪切”命令（Ctrl+X），可以将选区中的图像剪切到剪贴板中；执行“编辑 > 粘贴”命令（Ctrl+V），可以将剪切的图像粘贴到画布中，并生成一个新的图层，如图 2.17 所示。

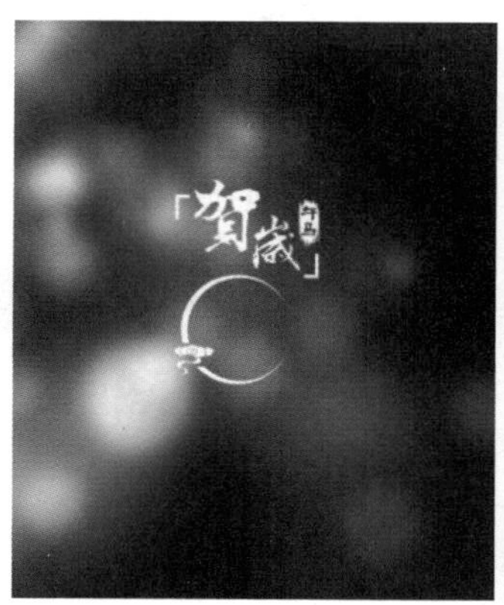 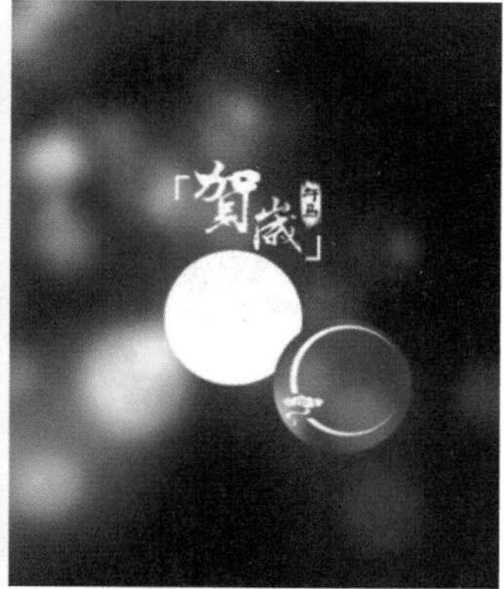

图 2.17 剪切与粘贴

2. 复制与合并复制

在图像上创建选区后，执行“编辑 > 拷贝”命令（Ctrl+C），可以将选区中的图像复制到剪贴板上，执行“编辑 > 粘贴”命令（Ctrl+V），可以将复制的图像粘贴到画布中，并生成一个新的图层，如图 2.18 所示。

图 2.18 复制与粘贴

当文档中包含很多图层时，执行“选择 > 全选”命令（Ctrl+A），然后执行“编辑 > 合并拷贝”命令（Shift+Ctrl+C），可以将所有可见图层复制并合并到剪贴板中；接着执行“编辑 > 粘贴”命令（Ctrl+V），即可将合并复制的图像粘贴到当前文档或其他文档中。

3. 清除图像

在图像上创建选区后，执行“编辑 > 清除”命令，可以清除选区中的图像。如果清除的是“背景”图层上的图像，被清除的区域将填充背景色；如果清除的是非“背景”图层上的图像，则会删除选区中的内容，如图 2.19 所示。

图 2.19 清除图像

2.2.4 撤销 / 返回

在编辑图像时，常常会由于误操作而导致效果出现一定的偏差。这时可以撤销或返回所作的步骤，然后重新编辑图像。

1. 撤销 / 返回

执行“编辑 > 还原”命令（Ctrl+Z），可以撤销最近一次操作，还原到上一步的操作状态；由于“还原”命令只可以还原上一步操作，如果要连续还原操作步骤，就需要连续执行“编辑 > 后退一步”命令（Shift+Alt+Z）来逐步撤销操作；如果要取消还原操作，可以连续执行“编辑 > 前进一步”命令（Shift+Ctrl+Z）来逐步恢复被撤销的操作；执行“文件 > 恢复”命令可以直接将文件恢复到最后一次保存时的状态，或返回到刚打开文件时的状态。

2. 使用“历史记录”面板还原操作

在实际工作中，经常会出现操作失误，这时就可以在“历史记录”面板中恢复到想要的状态。执行“窗口 > 历史记录”命令，打开“历史记录”面板，在其中可以看到之前所进行的操作，如图 2.20 所示，单击要撤销的状态，图像就会返回到该步骤的效果。

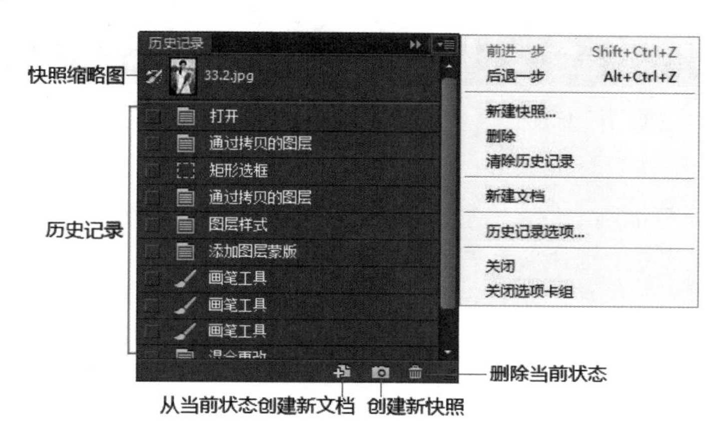

图 2.20 “历史记录”面板

小技巧

设置“历史记录”面板的方法如下。

默认情况下，“历史记录”面板中会记录最近进行的 20 步操作。如需更改操作步骤数，可以执行“编辑 > 首选项 > 性能”命令，在弹出的对话框中设置“历史记录状态”的数值即可。

2.2.5 常见辅助工具

标尺、参考线和网格可以帮助用户确定图形和元素的位置，或者布置图形元素。由于网页设计时对版面分割以及图片的具体尺寸和位置都有一定的要求，所以辅助工具起到了很重要的作用。

1. 标尺

利用标尺可以精确地确定图像或元素的位置，选择菜单“视图 > 标尺”（Ctrl+R），显示或隐藏标尺。如果显示标尺，标尺会出现在当前窗口的顶部和左侧，如图 2.21 所示。当移动指针时，标尺内的标记显示指针的位置。

标尺可以更改测量单位，右击标尺，然后在弹出的快捷菜单中选择一个新单位即可，如图 2.22 所示。

图 2.21　标尺

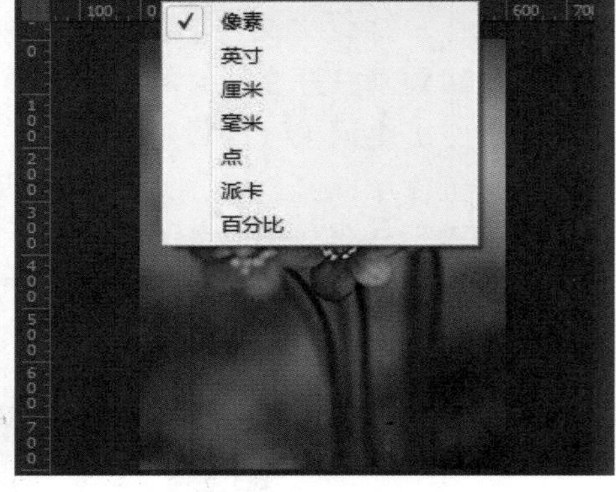

图 2.22　标尺单位

2. 参考线

参考线可以精准确定位置信息，方便图形或其他元素放置。

- 创建参考线：选择菜单“视图 > 新建参考线”，在“新建参考线”对话框中选择“水平”或“垂直”方向，并输入位置，然后单击“确定”按钮，如图 2.23 所示。或者从标尺向画面内拖曳以创建参考线。
- 清除参考线：要清除全部参考线，可选择菜单“视图 > 清除参考线”；要清除一条参考线，可将该参考线拖曳到图像窗口之外。

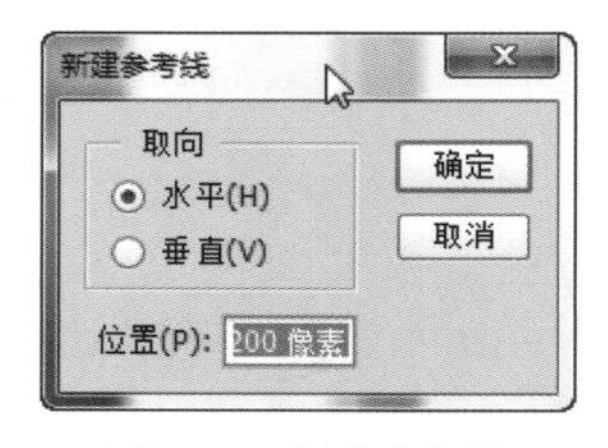

图 2.23　创建参考线

3. 网格

网格主要用来对齐对象。执行“视图 > 显示 > 网格”命令，即可在画布中显示网格，如图 2.24 所示。显示出网格后可以执行“视图 > 对齐到 > 网格”命令，启用对齐功能，此后在创建选区或移动图像时，对象将自动对齐到网格上。

图 2.24　网格

小技巧

参考线和网格的相关设置如下。

执行“编辑 > 首选项 > 常规”命令（Ctrl+K），在弹出的“首选项”对话框中可以设置参考线、网格的颜色和样式。

2.2.6 实现案例——使用裁剪工具制作一寸照

➢ 素材准备

“正装.jpg”如图 2.10 所示。

➢ 完成效果

完成效果如图 2.11 所示。

➢ 思路分析

★ 明确一寸照的尺寸大小。

★ 裁剪图片。

➢ 实现步骤

（1）打开“正装.jpg”文件。

（2）新建参考线：垂直居于头像中部；水平与眼睛平齐，如图 2.25 所示。

（3）使用裁剪工具先裁剪出半身照，如图 2.26 所示，双击图像，确定裁剪。

图 2.25 建立参考线

图 2.26 裁剪半身照

（4）使用缩放工具放大图像，按照一寸照宽高比约为 5:7，头部约占照片尺寸的 2/3 要求进行裁剪，如图 2.27 所示。

（5）调整完成后，双击图像，确定裁剪，效果如图 2.28 所示。完成后保存图像。

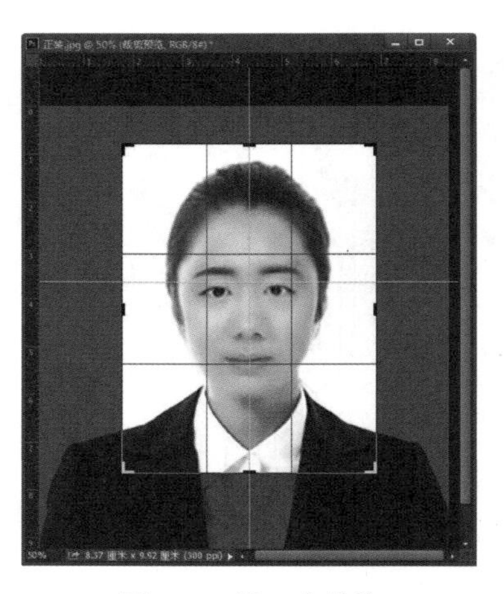

图 2.27 进一步裁剪

图 2.28 一寸照

2.3 使用变换操作更换书籍封面

➢ 素材准备

“书籍 .jpg”和“封面 .jpg”分别如图 2.29 和图 2.30 所示。

图 2.29 书籍 .jpg

图 2.30 封面 .jpg

➢ 完成效果

裁剪后，效果如图 2.31 所示。

➢ 案例分析

书籍包装实际上就是沿着之前的封面轮廓覆盖住图像，需要“封面”进行相应的变形。这需要用到“扭曲”“变形”“自由变换”等知识点。相关理论讲解如下。

图 2.31 书籍包装

2.3.1 认识定界框、中心点和控制点

执行“编辑 > 自由变换”（Ctrl+T）或“编辑 > 变换”菜单下的命令时，在当前对象的周围出现一个用于变换的定界框。定界框的中间有一个中心点，四周还有控制点，如图 2.32 所示。在默认情况下，中心点位于变换对象的中心，用于定义对象的变换中心，拖曳中心点可以移动其位置；控制点主要用来变换图像。

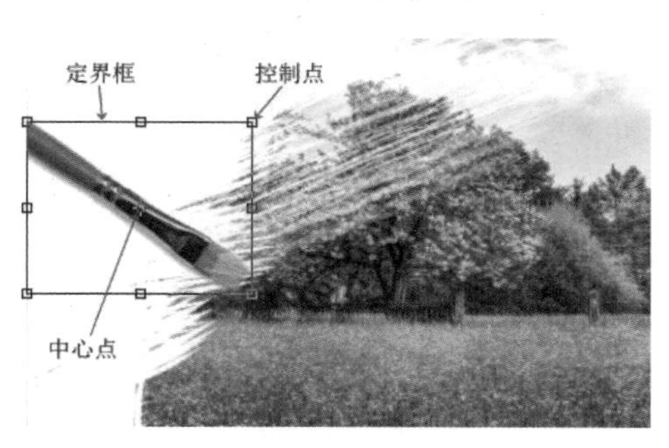

图 2.32　定界框、控制点和中心点

2.3.2 使用移动工具（V）移动图像

移动工具是最常用的工具之一，无论在文档中移动图层、选区中的图像，还是将其他文档中的图像拖曳到当前文档，都需要用到移动工具。移动工具的选项栏如图 2.33 所示。

图 2.33　移动工具的选项栏

- 自动选择：如果文档中包含了多个图层或图层组，可以在该下拉列表框中选择要移动的对象。如果选择“图层”选项，使用移动工具在画布中单击时，可以自动选择移动工具下面包含像素的最顶层的图层；如果选择“组”选项，使用移动工具在画布中单击时，可以自动选择移动工具下面包含像素的最顶层的图层所在的组。
- 对齐图层：当同时选择了两个或两个以上的图层时，单击相应的按钮可以将所选的图层进行对齐。如图 2.33 所示的对齐方式，从左到右依次是“顶对齐”“垂直对齐”“底对齐”“左对齐”“水平居中对齐”“右对齐”。
- 分布图层：如果选择 3 个或者 3 个以上的图层，单击相应的按钮可以将所选的图层按照一定的规则进行均匀的分布排列。如图 2.33 所示的分布对齐方式，从左到右依次是“按顶分布”“垂直居中分布”“按底分布”“按左分布”“水平居中分布”“按右分布”。

1. 在同一文档中移动图像

在“图层”面板中选择要移动的对象所在的图层，使用选择工具在画布中拖曳要移动的对象，如图 2.34 所示。

图 2.34 同一文档移动图层图像

如果创建了选区，按 Ctrl+T 快捷键，然后将光标放置在选区内，拖曳鼠标即可移动图像，如图 2.35 所示。

图 2.35 同一文档移动选区图像

2. 在不同文档中移动图像

打开两个或两个以上的文档，将光标放置在画布中，然后使用移动工具将图像拖曳到另一个文档的标题栏上，停留片刻后切换到目标文档，拖曳到目标文档的合适位置，释放鼠标即可，同时该文档中会生成一个新的图层，如图 2.36 所示。

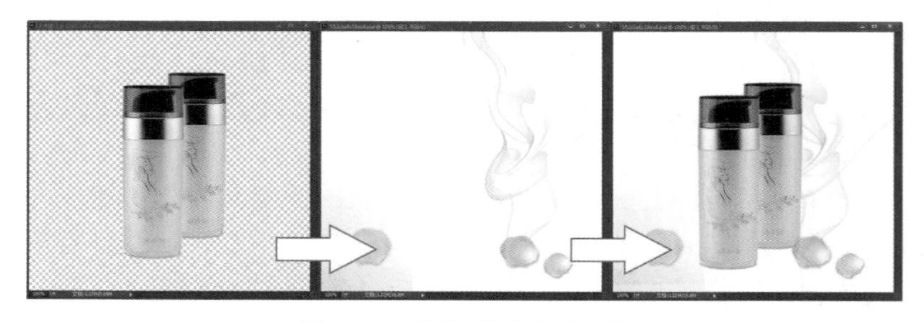

图 2.36 不同文档中移动图像

2.3.3 变换

在“编辑 > 变换”菜单下，提供了各种变换命令，如图 2.37 所示。使用这些命令可以对图层、路径、矢量图形以及选区中的图像进行变换操作。

➢ 缩放：相对于变换对象的中心点对图像进行缩放。不按任何键，可以任意缩放；按住 Shift 键，可以等比例缩放图像；按住 Shift+Alt 快捷键，可以以中心为基准等比例缩放图像，如图 2.38 所示。

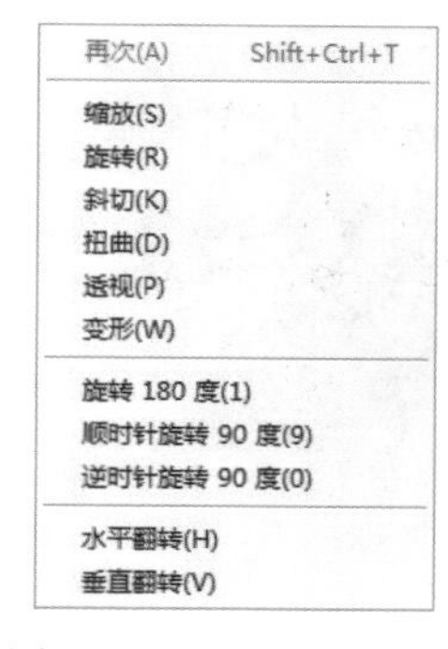

图 2.37 “变换”菜单

图 2.38 缩放

➢ 旋转：围绕中心点转动变换对象，产生旋转的效果。不按任意键，可以任意旋转；按住 Shift 键，可以以 15° 为单位进行旋转，如图 2.39 所示。

图 2.39 旋转

➢ 斜切：在任意方向、垂直方向或水平方向上倾斜图像。不按任意键，可以在任意方向上倾斜图像；按住 Shift 键，可以在垂直或者水平方向上倾斜图像，如图 2.40 所示。

➢ 扭曲：可以在各个方向上伸展变换对象，产生扭曲的效果，同斜切一样，按住 Shift 键可以在垂直和水平方向上扭曲图像，如图 2.41 所示。

图 2.40 斜切

图 2.41 扭曲

➢ 透视：可以对变换对象应用单点透视效果。拖曳定界框 4 个角上的控制点，可以在水平或垂直方向对图像应用透视效果，如图 2.42 所示。

- 变形：区别于扭曲，对图像的局部内容进行变形。拖曳网格上的锚点或调整锚点的方向线，可以对图像进行更加自由和灵活的变形处理，如图 2.43 所示。

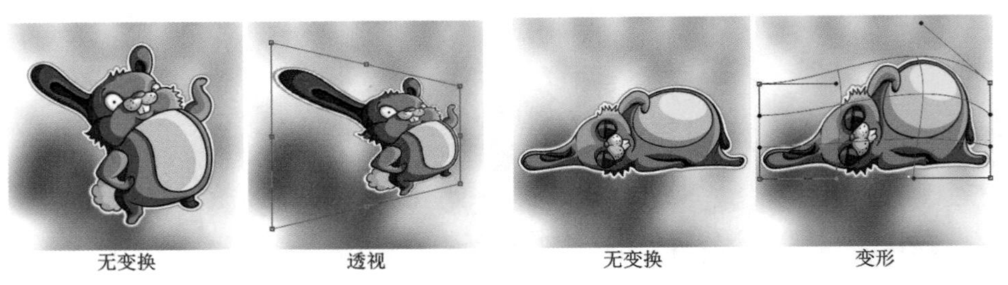

图 2.42 透视　　图 2.43 变形

- 旋转 / 翻转：将图像进行相应角度的旋转或者在水平或垂直方向进行翻转，如图 2.44 所示。

图 2.44 翻转

2.3.4 自由变换

“自由变换”是“变换”命令的加强版，可以在一个连续的操作中进行旋转、缩放、斜切、扭曲、透视和变形（如果是变换路径，“自由变换”命令将自动切换为“自由变换路径”命令；如果是变换路径上的锚点，“自由变换”命令自动切换为“自由变换点”命令），并且无须选取其他变换命令。部分自由变换效果如图 2.45 所示。

图 2.45 自由变换

小技巧

在 Photoshop 中，自由变换是非常强大的功能，熟练地掌握此功能，可以大大提高工作效率。下面就对该功能与快捷键之间的配合进行详细介绍。Ctrl+T 快捷键可以使所选图层或选取的图像进入自由变换状态。在进入自由变换状态后，Ctrl 键、Shift 键和 Alt 键这 3 个快捷键经常搭配在一起使用。

(1) 在没有按住任何快捷键的情况下，可以通过定界框和控制点对图像进行变换；在定界框外拖曳，可以精确至 0.1° 进行自由旋转。

(2) Shift 键：可以等比例放大 / 缩小图像；可以以 15° 为单位旋转图像。

(3) Ctrl 键：拖曳角控制点，可以以对角为直角的自由四边形方式变换；拖曳边控制点，可以对边不变的自由平行四边形方式变换。

(4) Alt 键：可以以中心对称的自由矩形方式变换。

2.3.5 变换复制

在 Photoshop 中，可以边变换图像边复制图像，通过按 Ctrl+Alt+T 组合键进入自由变换并复制状态，然后对中心点进行特定的位移，接着变换图像并确认。通过这一系列操作，就设定了一个变换规律，同时会生成一个新的图层。设定好变换规律以后，按照这个规律变换并复制图像。如果要继续变换并复制图像，可以连续按 Shift+Ctrl+Alt+T 组合键，直到达到要求为止。

2.3.6 实现案例——使用变换更换书籍封面

➢ 素材准备

"书籍 .jpg" 和 "封面 .jpg" 分别如图 2.29 和图 2.30 所示。

➢ 完成效果

完成效果如图 2.31 所示。

➢ 思路分析

★ "封面" 与 "书籍" 的角对齐。

★ "封面" 边缘微调后与 "书籍" 对齐。

➢ 实现步骤

(1) 打开 "书籍 .jpg" 文件。

(2) 导入 "封面 .jpg"，将其放置在书籍位置，如图 2.46 所示。

图 2.46　载入素材

(3) 按住 Ctrl+T 快捷键，右击，在弹出的快捷菜单中选择 "扭曲" 命令，如图 2.47 所示，然后拖动控制点与书籍封面 4 个角对齐，如图 2.48 所示。

图 2.47　选择“扭曲”命令

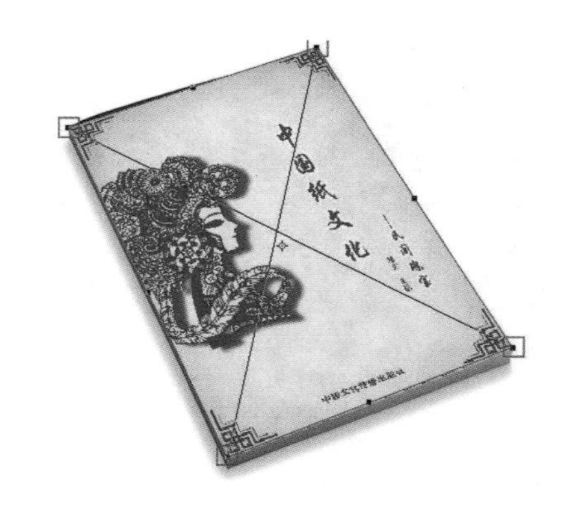

图 2.48　扭曲对齐

（4）右击，在弹出的快捷菜单中选择“变形”命令，如图 2.49 所示。微调锚点的方向线，使“封面”与“书籍”对齐，如图 2.50 所示。

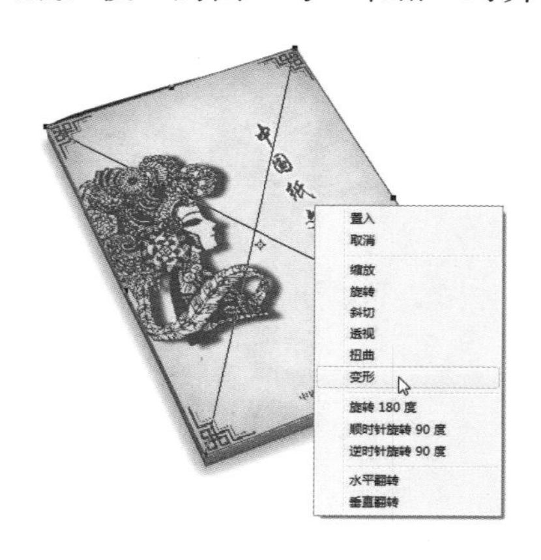

图 2.49　选择“变形”命令

图 2.50　变形微调

（5）双击确定变换，如有未覆盖住的，重复步骤（4）的操作，最后得到如图 2.51 所示效果。

图 2.51　完成效果

（6）完成后保存文件。

技能训练

实战案例 1："斜不胜正"

➢ 需求描述

如图 2.52 所示，有一幅倾斜的画，应用本章相关知识改变图像的角度和大小，效果如图 2.53 所示。

图 2.52 倾斜的画 .jpg

图 2.53 完成效果

➢ 技术要点

★ "变换"命令的使用。

★ 裁剪工具的使用。

➢ 实现思路

根据理论课讲解的技能知识，完成如图 2.53 所示效果，应从以下两点予以考虑。

★ 应用"自由变换"命令调整图像的角度，使其变正。

★ 使用裁剪工具将多余的边角裁去。

实战案例 2：制作空中热气球

➢ 需求描述

应用本章相关知识，在如图 2.54 所示的背景图上导入热气球，并改变其倾斜角度大小，效果如图 2.55 所示。

图 2.54 草原 .jpg

图 2.55　完成效果

➢ 技术要点

★ 置入矢量内容。

★ “自由变换”命令的使用。

➢ 实现思路

根据理论部分讲解的技能知识，完成如图 2.55 所示效果，应从以下两点予以考虑。

★ 置入矢量的“热气球”图片，可以在 Illustrator 中修改其颜色、条纹等。

★ 应用“自由变换”命令调整图像的角度、大小，使其有随风飘、有远有近的感觉。

实战案例 3：使用变换复制制作红叶旋涡

➢ 需求描述

应用本章相关知识，将如图 2.56 所示的红叶按照一定的规律进行复制，效果如图 2.57 所示。

图 2.56　红叶 .png

图 2.57　完成效果

➢ 技术要点

自由变换复制。

➢ 实现思路

根据理论部分讲解的技能知识，完成如图 2.57 所示效果，应从以下两点予以考虑。

★ 记录变换规律。

★ 按照这个规律继续变换、复制图像。

本章总结

➢ 本章学习了 Photoshop 中图像文件的基本操作，主要包括打开 / 置入文件、新建文件、保存文件。

➢ 关于视图的操作，除缩放工具外，还可以使用“导航器”面板，可以根据个人习惯选择。

➢ 如果将图像比喻成一幅画，图像大小是指这幅画的大小，画布大小是指画布的尺寸大小。

➢ 图像的变换、自由变换以及变换复制。

第 3 章

图像的绘制与修饰

本章简介

Photoshop 提供了强大的图像处理和修饰工具。通过这些工具，可以很方便地对有破损、有瑕疵的照片或图像进行快速修复，同时还可以实现对图像的局部处理、清除污点、改变图像清晰度等。本章通过对这些工具的介绍，讲解如何使用 Photoshop 实现对图像的后期修饰与处理。

本章工作任务

任何图像都离不开颜色，本章学习绘画工具、图像修复工具、图像擦除工具、图像填充工具以及图像润饰工具，可以绘制插画并对图像进行美化处理，制作各种特效；可以快速地针对人像图像中的斑点、皱纹、红眼等进行修复；可以擦除图像中不需要的部分；可以在指定区域或者整个图像中填充纯色、渐变或者图案；可以对图像局部的明暗度、饱和度进行操作。

本章技能目标

- 掌握吸管工具的使用方法。
- 掌握画笔工具的使用方法及预定义笔刷。
- 掌握图像填充工具、图像擦除工具的使用方法。
- 掌握图像润饰工具组、修复工具组的使用方法。

预习作业

（1）前景色与背景色分别指什么？二者之间怎么转换？怎么更换颜色？

（2）预定义笔刷是什么意思？预定义图案又是什么意思？它们有什么优点？

（3）怎样使用渐变工具填充渐变？

（4）总结本章中的相关快捷方式。

3.1 使用吸管工具（Ⅰ）将颜色添加到色板

➢ 素材准备

“古装 .jpg”如图 3.1 所示。

➢ 完成效果

将颜色提取到色板后，效果如图 3.2 所示。

图 3.1　古装 .jpg

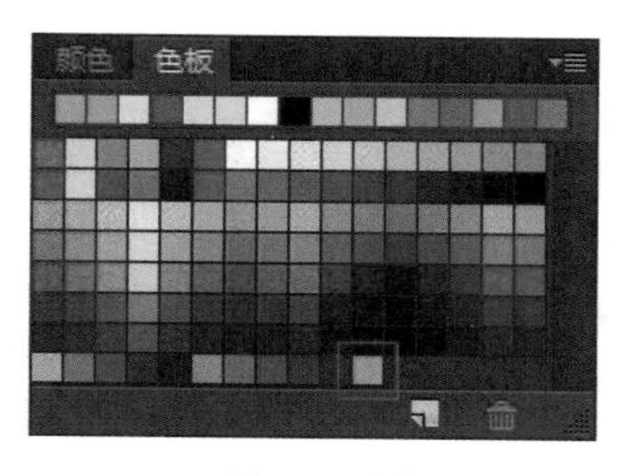

图 3.2　色板

➢ 案例分析

在 Photoshop 中处理图像文件时，会经常使用到颜色的提取、填充等操作，在色板中添加色块需要用到吸管工具等。相关理论讲解如下。

3.1.1 前景色与背景色

任何图像都离不开颜色，使用 Photoshop 中的画笔、文字、渐变、填充、蒙版、描边等工具修饰图像时，都需要设置相应的颜色。在 Photoshop 中提供了多种选取颜色的方法。在 Photoshop 中，前景色常用于绘制图像、填充和描边等，背景色常用于生成渐变填充和填充图像中已经抹去的区域。

在工作箱的底部有一组前景色和背景色设置按钮。默认情况下，前景色是黑色，背景色是白色，如图 3.3 所示。

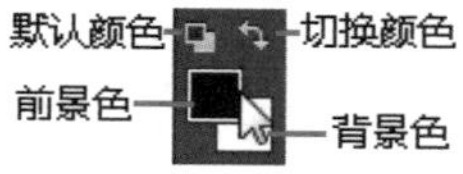

默认颜色　切换颜色
前景色　背景色

图 3.3　前景色与背景色

- ➢ 前景色：要更改前景色，可单击工具调板中的“前景色”框，然后在弹出的拾色器中选取颜色。
- ➢ 背景色：要更改背景色，可单击工具调板中的“背景色”框，然后在弹出的拾色器中选取颜色。
- ➢ “默认颜色”图标：要恢复默认前景色和背景色，可单击工具调板中的“默认颜色”图标。
- ➢ “切换颜色”图标：要反转前景色和背景色，可单击工具调板中的“切换颜色”图标。

小技巧

前景色与背景色的快捷方式如下。

在英文半角输入法下，按 D 键可恢复默认的前景色和背景色；按 X 键可切换前景色和背景色。

3.1.2 使用拾色器选取颜色

在 Photoshop 中经常会使用拾色器来设置颜色。在拾色器中，可以选择 HSB、RGB、Lab 和 CMYK 4 种颜色模式来指定颜色。单击“前景色”框，弹出“拾色器（前景色）”对话框，如图 3.4 所示。

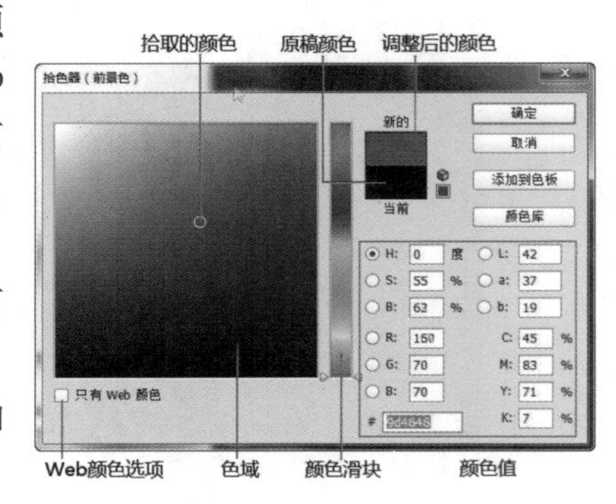

图 3.4 “拾色器（前景色）”对话框

- 色域 / 所选颜色：在色域中拖曳鼠标可以改变当前拾取的颜色。
- 新的 / 当前：显示色域中拾取的颜色和上一次使用原稿的颜色。
- 颜色滑块：拖曳可以更改当前可选颜色范围。
- 颜色值：显示当前的颜色数值，可以通过输入来设置精确的颜色。
- 添加到色板：可以将当前的颜色添加到“色板”面板中。

3.1.3 使用吸管工具拾取颜色

使用吸管工具可以拾取图像中的任意颜色作为前景色，如图 3.5（a）所示。按住 Alt 键进行拾取，可将当时拾取的颜色作为背景色，如图 3.5（b）所示。

（a）

（b）

图 3.5 吸管工具拾取前景色和背景色

吸管工具的选框栏如图 3.6 所示。

取样大小：取样点　样本：所有图层　☑ 显示取样环

图 3.6　吸管工具的选框栏

- 取样大小：设置吸管取样范围的大小。选择“取样点”选项，可以选择像素的精确颜色。其他选项为相应区域面积大小内所有像素点的平均颜色。
- 样本：可以从当前图层或者所有图层中采集颜色。
- 显示取样环：可以在拾取颜色时显示取样环，如图 3.7 所示。

图 3.7　取样环

小技巧

吸管工具的使用技巧如下。

（1）在使用绘画工具时，可以按 Alt 键临时切换到吸管工具。

（2）使用吸管工具采集颜色时，按住鼠标左键拖曳，可以采集 Photoshop 界面和界面外的颜色信息。

3.1.4　认识“颜色”面板与“色板”面板

“颜色”面板显示当前设置的前景色和背景色，“色板”面板包含了一些系统预设颜色，可以将颜色添加到色板，也可以删除颜色。执行“窗口 > 颜色”命令，可以打开“颜色”面板，如图 3.8 所示；执行“窗口 > 色板”命令，可以打开“色板”面板，如图 3.9 所示。

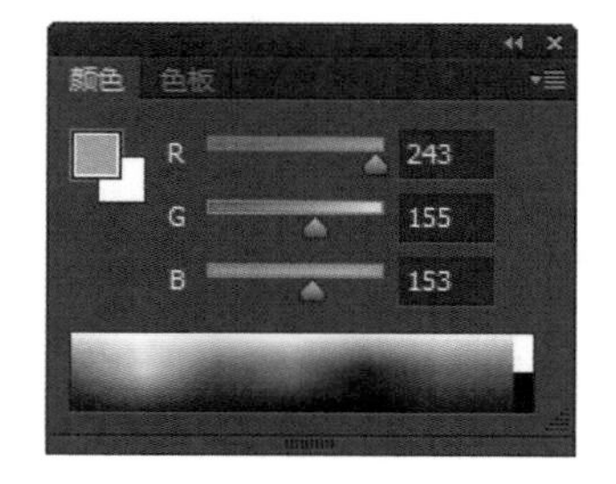

图 3.8 “颜色”面板

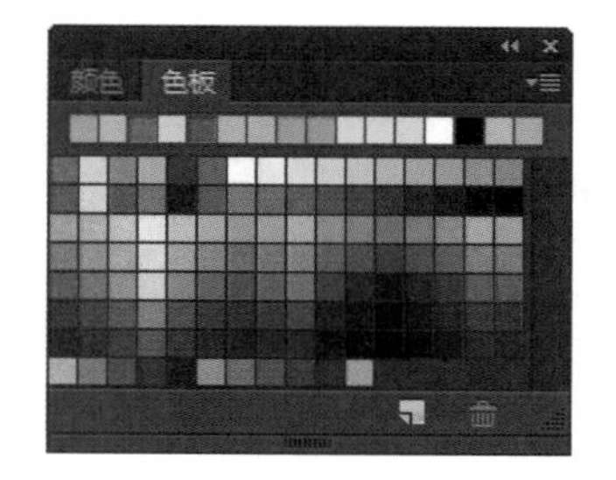

图 3.9 “色板”面板

熟练利用“颜色”和“色板”面板设置颜色，可以提高工作效率。

3.1.5 实现案例——使用吸管工具将颜色添加到色板

➢ 素材准备

"古装.jpg"如图3.1所示。

➢ 完成效果

将颜色提取到色板后，效果如图3.2所示。

➢ 思路分析

★ 使用吸管工具吸取颜色。

★ 将吸取的颜色添加到色板。

➢ 实现步骤

（1）打开"古装.jpg"文件，在工具箱中单击"吸管工具"按钮，然后在图像上拾取颜色，如图3.10所示。

（2）在"色板"面板中单击"创建前景色"按钮，此时会弹出"色板名称"对话框，命名为"粉色"，如图3.11所示。

图3.10 提取颜色

图3.11 "色板名称"对话框

（3）设置好名称后，将光标放置在色板上，就会显示该色板的名称，成功地将颜色添加到色板。

3.2 定义花朵笔刷

➢ 素材准备

"背景.jpg"和"花朵.png"如图3.12和图3.13所示。

图3.12 背景.jpg

图3.13 花朵.png

➢ 完成效果

完成效果如图 3.14 所示。

图 3.14　完成效果

➢ 案例分析

该案例美化了照片，在填充好的图层上，用画笔画出光斑，实现如图 3.14 所示的效果。主要运用画笔工具，相关理论讲解如下。

3.2.1 “画笔预设”面板与“画笔”面板

1.“画笔预设”面板

“画笔预设”面板中提供了各种系统预设的画笔，这些预设的画笔有大小、形状和硬度等属性。用户在使用绘画工具、修饰工具时，都可以从“画笔预设”面板中选择画笔的形状。执行“窗口 > 画笔预设”命令，打开“画笔预设”面板，如图 3.15 所示。其中，单击“切换硬毛刷画笔预览”按钮的功能是在使用毛刷笔尖时，会在画布中显示笔尖的样式；单击“打开预设管理器”按钮可以打开“预设管理器”对话框。

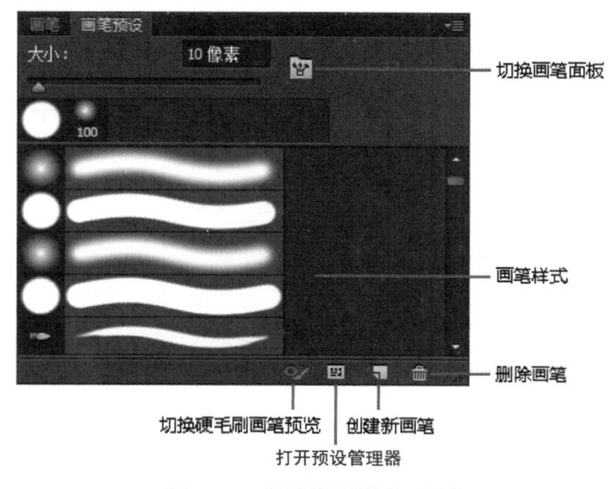

图 3.15 “画笔预设”面板

2.“画笔”面板

在认识其他绘制及修饰工具之前，首先需要掌握“画笔”面板。“画笔”面板可以设置绘画工具、修饰工具的笔刷种类、画笔大小和硬度等属性，如图 3.16 所示。

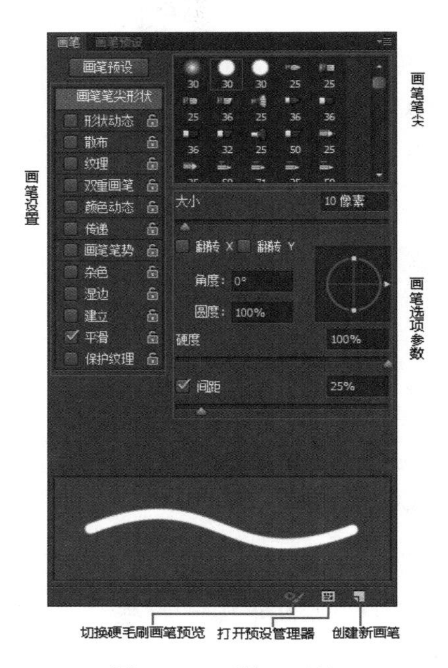

图 3.16 “画笔”面板

小技巧

画笔设置中各选项的功能如下。

(1) 在工具箱中单击“画笔工具”按钮，然后在其选项栏中单击“切换画笔面板”按钮。

(2) 执行“窗口 > 画笔”命令。

(3) 按 F5 键。

(4) 在“画笔预设”面板中单击“切换画笔面板”按钮。

- 画笔笔尖形状：可以设置画笔的形状、大小、硬度和间距等属性。
- 形状动态：形状动态决定描边中画笔笔迹的变化，可以使画笔的大小、圆度等产生随机变化。
- 散布：用来设置描边中笔迹的数量和位置，使画笔笔迹沿着绘制的线条扩散。
- 纹理：可以绘制出带有纹理质感的笔触。
- 双重画笔：可以使绘制的线条呈现出两种画笔的效果。
- 颜色动态：通过前景/背景抖动、色相抖动、饱和度抖动、亮度抖动、纯度抖动来设置选项，绘制出颜色的变化效果。

- 传递：通过不透明度、流量、湿度、混合等抖动来确定油彩在描边路线中的改变方式。
- 画笔笔势：用于调整毛刷画笔笔尖、画笔倾斜的角度。
- 杂色：为个别画笔笔尖增加额外的随机性。
- 湿边：沿画笔描边的边缘增大油彩量，从而创建出水彩效果。
- 建立：模拟传统的喷枪技术，根据单击鼠标的程度确定画笔线条的填充数量。
- 平滑：在画笔描边中生成更加平滑的曲线。
- 保护纹理：将相同图案和缩放比例应用于具有纹理的所有画笔预设。

小技巧

笔尖的种类（如图 3.17 所示）介绍如下。

(1) 圆形笔尖（可以设置非圆形笔尖）：包含柔边和硬边两种类型。

(2) 毛刷画笔的笔尖呈毛刷状，可以绘制出类似于毛笔字效果的边缘。

(3) 样本画笔是利用图像定义出来的一种比较特殊的画笔，其硬度不能调节。

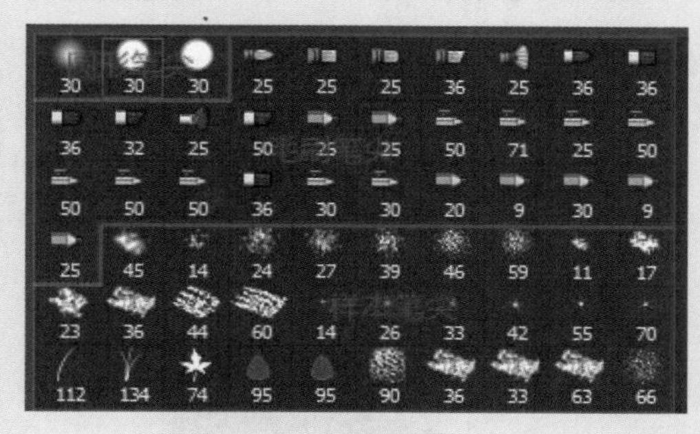

图 3.17　画笔笔尖

3.2.2　绘制工具

Photoshop 中的绘制工具包括画笔工具、铅笔工具、颜色替换工具和混合器画笔工具。使用这些工具不仅能够绘制出传统意义上的插画，而且能够对数码照片进行美化处理和制作各种特效。其中，画笔工具在设计中使用得最多，将重点讲解。

1. 画笔工具

画笔工具是使用频率最高的工具之一，可以使用前景色绘制各种线条，也可以用来修改通道和蒙版。如图 3.18 所示为画笔工具的选项栏，其中，“模式”用于设置绘画颜色与下面现有像素的混合模式；“不透明度”用于设置画笔绘制出的图像的不透明度；“流量”用于设置当光标移动到某个区域上方时应用颜色的速率。

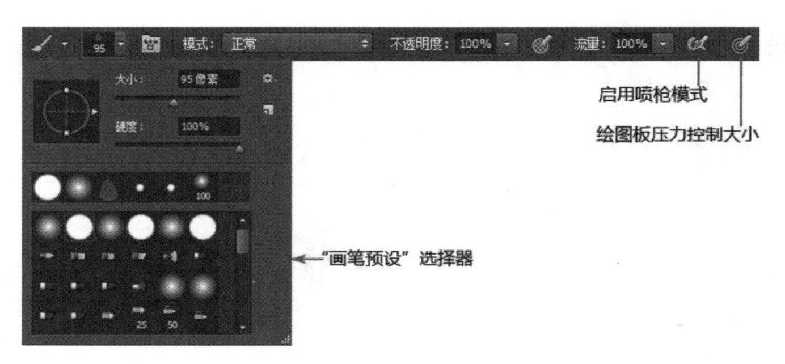

图 3.18　画笔工具选项栏

小技巧

定义画笔预设的方法如下。

预设画笔是一种已存储的画笔笔刷，有大小、形状和硬度等属性。

先选择要定义画笔的图像，然后执行"编辑 > 定义画笔预设"命令，在弹出的"画笔名称"对话框中重新命名即可。选择自定义的笔刷后，相当于使用系统预设的笔刷进行绘制。

2. 铅笔工具（B）

铅笔工具与画笔工具相似，但铅笔工具多用于绘制硬边线条。例如，近年来比较流行的像素画以及像素游戏，都可以使用铅笔绘制，如图 3.19 所示。需要说明的是，在其选项栏中，选中"自动涂抹"复选框后，将光标中心放置在包含前景色的区域上，可以将该区域涂抹成背景色，反之涂抹成前景色。

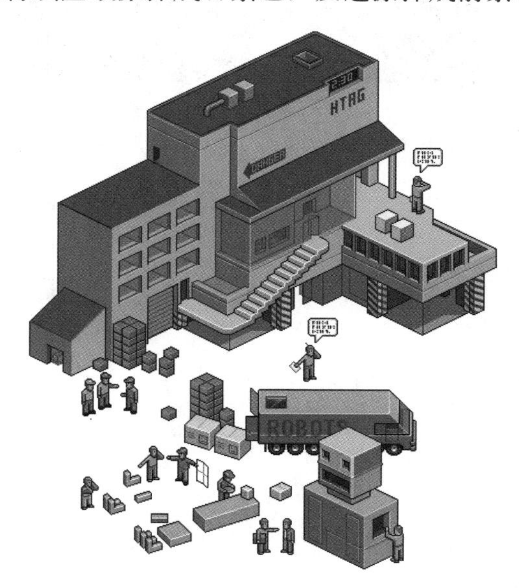

图 3.19　像素画

3. 颜色替换工具（B）

颜色替换工具可以将选定的颜色替换为其他颜色。

4. 混合器画笔工具（B）

混合器画笔工具可以像传统绘画过程中的混合原料一样混合像素，可以轻松模拟真实的绘画效果。

小技巧

绘制工具的相关快捷操作如下。

（1）在英文输入法状态下，可以按 [和] 键来减小和增大画笔的大小。

（2）使用绘制工具绘画时，可以按 0 ~ 9 数字键来快速调整画笔的不透明度。

（3）按住 Shift+0 ~ 9 数字键即可快速设置流量。

3.2.3 实现案例——定义花朵笔刷

➢ 素材准备

“背景 .jpg” 和 “花朵 .jpg” 分别如图 3.12 和图 3.13 所示。

➢ 完成效果

完成效果如图 3.14 所示。

➢ 思路分析

★ 定义花朵图像为笔刷。

★ 使用花朵笔刷在背景图像上绘制图像。

➢ 实现步骤

（1）打开花朵素材文件。

（2）执行“编辑 > 定义画笔预设”命令，在弹出的对话框中为画笔命名，如图 3.20 所示。

（3）打开背景素材文件，如图 3.21 所示。

画笔名称
名称: 花朵.png
确定
取消
495

图 3.20 定义画笔名称

图 3.21 背景素材

（4）在“图层”面板中单击“创建新图层”按钮，新建一个图层，设置前景色为粉色，如图 3.22 所示；然后使用画笔工具找到花朵笔刷，设置其大小，接着在画布中单击即可绘制出一朵粉色的花朵，如图 3.23 所示。

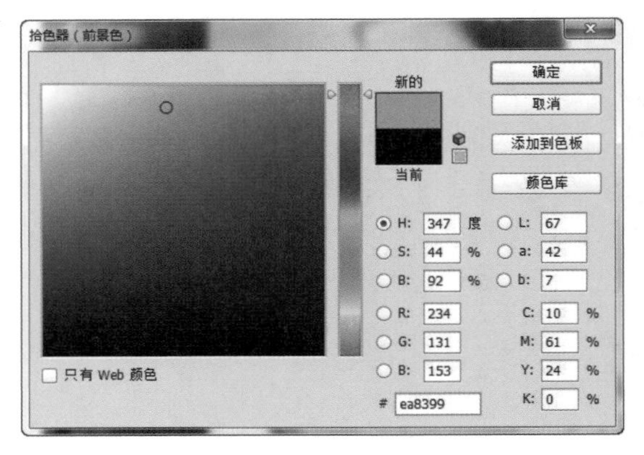

图 3.22　设置前景色

图 3.23　绘制花朵

（5）用同样的方法绘制出其他花朵，最终效果如图 3.24 所示。完成后保存文件。

图 3.24　最终效果

3.3 使用渐变工具（G）完成按钮制作

➢ 素材准备

“未完成按钮 .psd”如图 3.25 所示。

➢ 完成效果

完成效果如图 3.26 所示。

图 3.25 未完成按钮 .psd

图 3.26 完成效果

➢ 案例分析

该案例通过添加渐变，使平面化图案显示有立体效果，主要涉及图像的填充、修饰等相关知识，相关理论讲解如下。

3.3.1 图像修复工具

Photoshop 中的修复工具组包括污点修复画笔工具、修复画笔工具、修补工具和红眼工具等，使用这些工具能够方便快捷地处理图像的瑕疵，特别是进行人像的修复。

1. 仿制图章工具（S）

仿制图章工具可以将图像的一部分绘制到同一图像的另一个位置上，或绘制到任何打开的文档中具有相同颜色模式的另一部分，也可以将一个图层的一部分绘制到另一个图层上。仿制图章工具对于复制对象或修复图像中的缺陷非常有用，如图 3.27 所示。

图 3.27 仿制图章工具效果

2. 图案图章工具（S）

图案图章工具可以使用预设图案或载入的图案进行绘制。

3. 污点修复画笔工具（J）

使用污点修复画笔工具可以消除图像中的污点和某个对象，如图 3.28 所示分别是原始图像和使用污点修复画笔工具处理后的图像。污点修复画笔工具不需要设置取样点，因为它可以自动从所修饰区域的周围进行取样。

图 3.28　污点修复画笔工具效果

4. 修复画笔工具（J）

修复画笔工具与仿制图章工具相似，可以修复图像的瑕疵，也可以用图像中的像素作为样本进行绘制。不同的是，修复画笔工具还可将样本像素的纹理、光照、透明度和阴影与所修复的像素进行匹配，从而使修复后的像素不留痕迹地融入图像的其他部分，如图 3.29 所示。

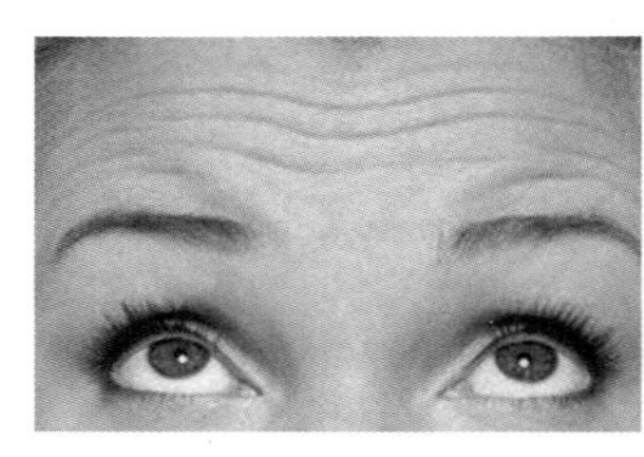
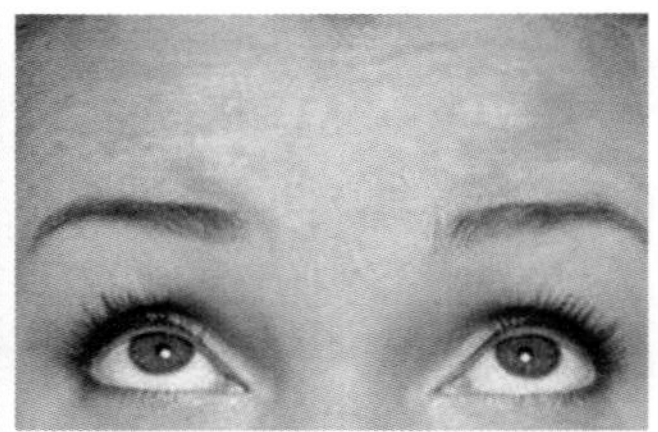

图 3.29　修复画笔工具效果

5. 修补工具（J）

修补工具可以利用样本或图案来修复所选图像区域中不理想的部分。

6. 内容感知移动工具（J）

使用内容感知移动工具可以在无须复杂图层或精确的选择区的情况下快速地重构图像。

7. 红眼工具（J）

红眼工具可以去除闪光灯导致的红色反光。

8. 历史记录画笔工具（Y）

历史记录画笔工具可以理性、真实地还原某一区域的某一步操作，可以将标记的历史记录状态或快照用作源数据对象进行修复。

9. 历史记录艺术画笔工具（Y）

与历史记录画笔工具相似，历史记录艺术画笔工具也可以将标记的历史记录状态或快照用作源数据对图像进行修复。

3.3.2　图像擦除工具

Photoshop 中提供了 3 种擦除工具，分别是橡皮擦工具、背景橡皮擦工具和魔术橡皮擦工具。

1. 橡皮擦工具（E）

橡皮擦工具可以将像素更改为背景色或透明，在普通图层中进行擦除，则擦除的像素将变成透明，如图 3.30 所示。

图 3.30　橡皮擦工具

2. 背景橡皮擦工具（E）

背景橡皮擦工具是一种基于色彩差异的智能化擦除工具，主要运用在抠图中。设置好背景色后，使用背景橡皮擦工具可以在涂抹背景的同时保留前景对象的边缘。

3. 魔术橡皮擦工具（E）

使用魔术橡皮擦工具在图像中单击时，可以将所有相似的图像像素更改为透明。如果在已锁定透明像素的图层中工作，这些像素将更改为背景色。

3.3.3　图像填充工具

Photoshop 提供了两种图像填充工具，分别是渐变工具和油漆桶工具。通过这两种填充工具，可以在指定区域或整个图像中填充纯色、渐变和图案等。其中，渐变工具在以后设计中比较重要，将重点讲解。

1. 渐变工具（G）

渐变工具的应用非常广泛，不仅可以填充图像，还可以用来填充蒙版、快速蒙版和通道等。渐变可以在整个文档或选区内填充渐变色，并且创建多种颜色间的混合效果。如图 3.31 所示为渐变工具的选项栏，其中需要说明的是，“渐变类型”包括以直线方式创建从起点到终点的“线性渐变”、以圆形方式创建从起点到终点的“径向渐变”、创建围绕起点的以逆时针方式扫描的“角度渐变”、使用均衡的线性渐变在起点任意一侧创建渐变的“对称渐变”以及创建以菱形方式由内向外产生渐变终点，定义菱形一个角的“菱形渐变”，如图 3.32 所示；选中“反向”复选框，可以转换渐变中颜色的顺序，得到反方向的渐变结果；选中“仿色”复选框，可以使渐变效果更加平滑，主要防止打印时出现条带化现象；选中“透明区域”复选框，可以创建包含透明像素的渐变。

图 3.31　渐变工具选项栏

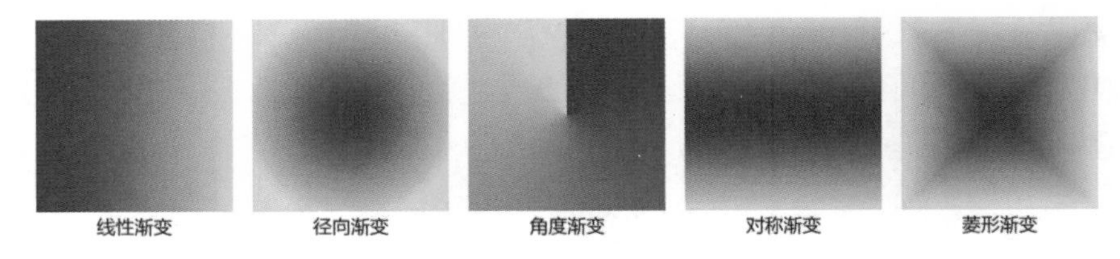

图 3.32　渐变类型

“渐变编辑器”对话框主要用来创建、编辑、管理、删除渐变，如图 3.33 所示。渐变编辑器不仅在使用渐变工具时会用到，在使用“渐变叠加”图层样式时也会用到。

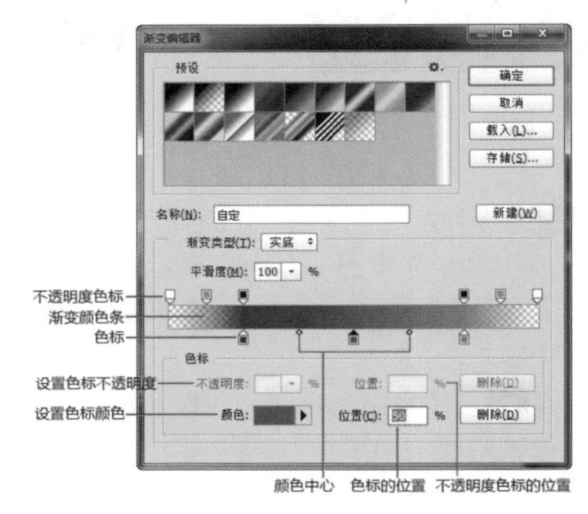

图 3.33　“渐变编辑器”对话框

需要说明的是，“渐变类型”包含了“实底”和“杂色”两种渐变。“实底”渐变是默认渐变。“杂色”渐变包含了在指定范围内随机分布的颜色，其颜色效果更加丰富。设置为“杂色”时，参数选项也发生了变化，如图 3.34 所示，其中“粗糙度”控制渐变中的两个色带之间逐渐过渡的方式；“颜色模型”中包含了 RGB、HSB 和 Lab 3 种颜色模式来设置渐变色；选中“限制颜色”复选框，将颜色限制在可以打印的范围以外，以防止颜色过于饱和；选中“增加透明度”复选框，可以增加随机颜色的透明度；每单击一次“随机化”按钮，Photoshop 就会随机生成一个新的渐变色。

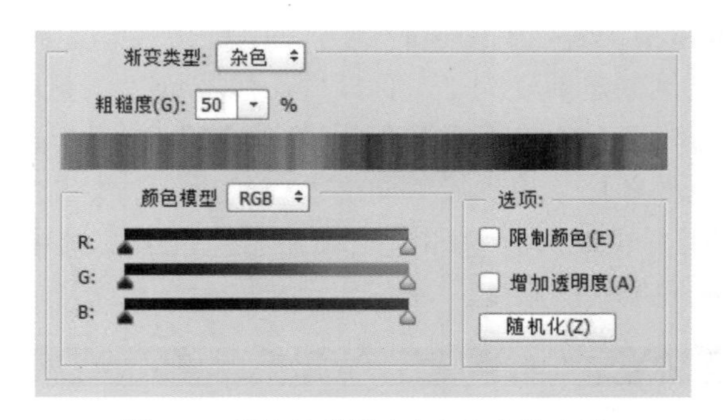

图 3.34　渐变编辑器“杂色”参数选项

2. 油漆桶工具（G）

使用油漆桶工具可以在图像中填充前景色或图案。如果创建了选区，填充的区域为当前的选区；如果没有创建选区，填充的就是与鼠标单击处颜色相近的区域。

小技巧

定义图案预设的方法如下。

在 Photoshop 中可以将打开的图像文件和选中的图像定义为图案。

选择一幅图案或选区中的图像后，执行“编辑 > 定义图案”命令，在弹出的“画笔名称”对话框中重新命名即可。如果要用定义图案填充画布，可以执行“编辑 > 填充”命令，在弹出的“填充”对话框中设置“使用”为“图案”，在“自定图案”中选择自定义的图案，确定即可。

3.3.4　图像润饰工具

图像润饰工具包括两组，共 6 个工具：模糊工具、锐化工具和涂抹工具可以对图像进行模糊、锐化和涂抹处理；减淡工具、加深工具和海绵工具可以对图像局部的明暗、饱和度等进行处理。

1. 模糊工具

模糊工具用来柔化硬边缘或减少图像中的细节，使用该工具在某个区域上方绘制的次数越多，该区域越模糊，如图 3.35 所示。

图 3.35　模糊工具

2. 锐化工具

锐化工具与模糊工具相反，可以增强图像中相邻像素之间的对比，以提高图像的清晰度。例如，使人的五官更清晰。

3. 涂抹工具

涂抹工具可以模拟手指划过湿油漆所产生的效果，该工具可以拾取鼠标单击处的颜色，并沿着拖曳的方向展开这种颜色，如图 3.36 所示。

图 3.36　涂抹工具

4. 减淡工具（O）

减淡工具可以对图像的“亮度”“中间调”“暗部”分别处理，在某个区域上方绘制的次数越多，该区域就会变得越亮。

5. 加深工具（O）

加深工具可以对图像进行加深处理，在某个区域上方绘制的次数越多，该区域就会变得越暗，同减淡工具一样。

6. 海绵工具（O）

海绵工具可以增加或降低图像中某个区域的饱和度。如果是灰色图像，该工具可通过让灰阶远离或靠近中间灰色来增加或降低对比度。

3.3.5　实现案例——使用渐变工具完成图标的制作

➢　素材准备

“未完成按钮 .psd”如图 3.25 所示。

➢　完成效果

完成效果如图 3.26 所示。

➢　思路分析

★　分析图像渐变的层次。

★　使用渐变工具添加渐变。

➢　实现步骤

（1）打开“未完成按钮 .psd”文件，隐藏“图层 1”，如图 3.37 所示。

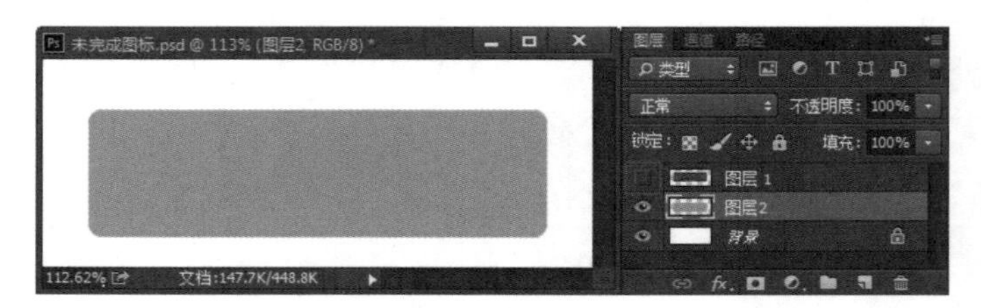

图 3.37　打开素材

（2）按住 Ctrl 键，同时用鼠标单击“图层 2”缩略图，将“图层 2”载入选区，如图 3.38 所示。

（3）选择渐变工具，单击渐变颜色条，打开“渐变编辑器”对话框，设置第一个色标颜色为浅红色（如 #dc6b6b），位置为 0，第二个色标颜色为深红色（如 #690d0d），位置为 2%，第三个色标颜色浅红色（如：#ac3838），位置为 50%，按住 Alt 键，同时拖曳第一个色标至 100% 的位置，拖曳第二个色标至 98% 的位置，如图 3.39 所示。

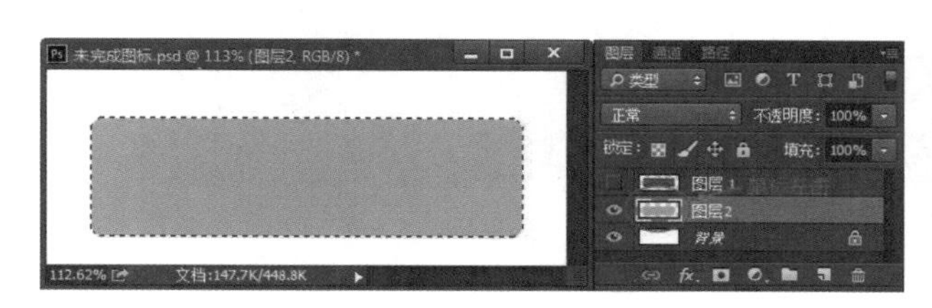

图 3.38　载入选区

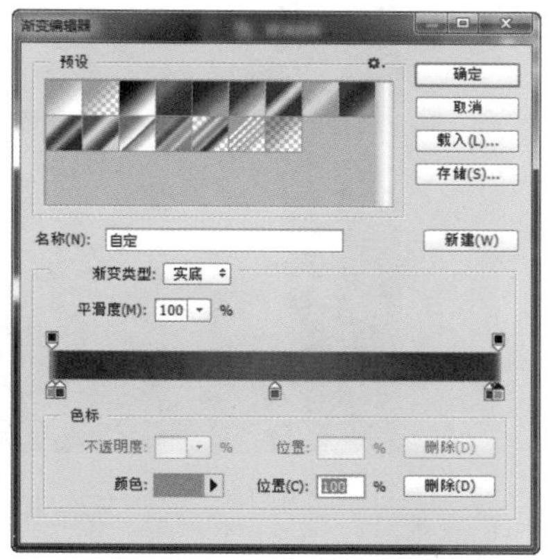

图 3.39　设置渐变色标

（4）按住 Shift 键，单击选区左侧并向选区右侧拖曳鼠标，如图 3.40 所示。填充渐变，按住 Ctrl+D 快捷键取消选区，如图 3.41 所示。

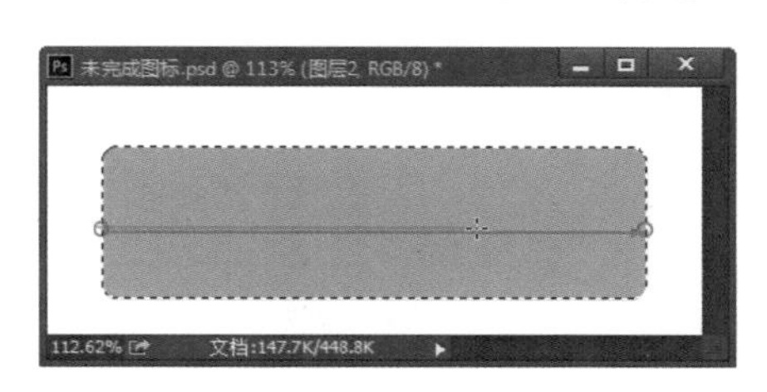

图 3.40　填充渐变

图 3.41　取消选区

（5）显示“图层 1”，最终效果如图 3.42 所示。完成后保存文件。

图 3.42　最终效果

技能训练

实战案例 1：制作斑点相框

➢　需求描述

将如图 3.43 所示图像加上斑点相框效果，如图 3.44 所示。

图 3.43　小女孩 .jpg

图 3.44　斑点相框效果

➢　技术要点

画笔预设。

➢　实现思路

根据前面部分所学讲解的技能知识，完成如图 3.44 所示的效果，应考虑画笔工具的间距设置。

实战案例 2：定义图案预设

➢　需求描述

将如图 3.45 所示的单色背景墙更换成壁纸墙，效果如图 3.46 所示。

图 3.45　单色背景墙

图 3.46　壁纸背景墙效果

➢　技术要点

★　定义图案预设并填充图案。

★　使用橡皮擦工具擦掉非墙体内容。

➢ 实现思路

根据理论课讲解的技能知识，完成如图 3.46 所示的效果，应从以下 3 点予以考虑。

★ 将“壁纸”文件定义为预设图案。
★ 在“家居”文件中填充图案。
★ 使用橡皮擦工具将非墙体部分图像擦除。

实战案例 3：完成旋钮制作

➢ 需求描述

如图 3.47 所示，添加渐变，使图形更有金属质感，效果如图 3.48 所示。

图 3.47 未完成旋钮 .psd

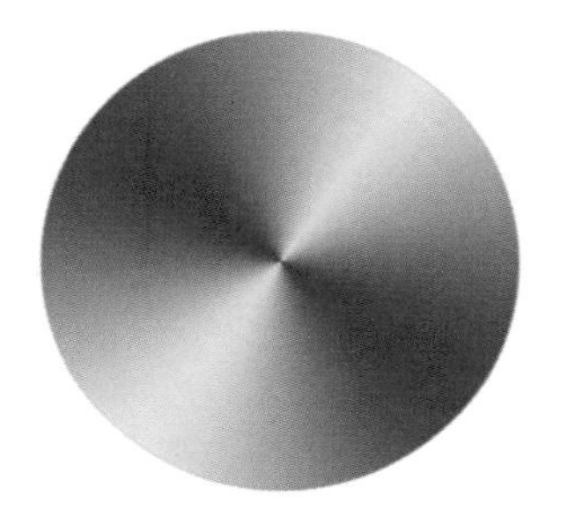

图 3.48 完成效果

➢ 技术要点

使用渐变工具▣。

➢ 实现思路

★ 确定渐变的类型。
★ 将旋钮载入选区。
★ 使用渐变工具▣填充渐变。

本 章 总 结

➢ 使用绘画工具可以绘制插画并对图像进行美化处理和制作各种特效。
➢ 使用图像修复工具可以快速针对人像图像中的斑点、皱纹、红眼等进行修复。
➢ 使用图像擦除工具可以擦除图像中不需要的部分。
➢ 使用图像填充工具可以在指定区域或者整个图像中填充纯色、渐变或者图案。
➢ 使用图像润饰工具可以对图像局部的明暗度、饱和度进行操作。
➢ 定义图案预设。

第 4 章

色彩调整与校正

本章简介

使用 Photoshop 进行设计时，会大量使用各种图片素材，但很多图片素材的颜色效果往往不尽如人意。比如一些照片素材中，曝光不足的会偏暗，曝光过度的会偏亮，有时也会出现偏色；又如有些图片需要处理成特殊的色彩效果。这时可以利用 Photoshop 对这些色彩不够理想的图片进行调整。

Photoshop 拥有强大的色彩调整功能，不仅可以对整幅图像进行操作，也可以配合选区工具，对部分图像进行处理。本章将介绍常用的几种色彩调整工具，这部分内容在操作上相对比较简单，主要是靠后期的实际运用才能逐渐掌握。

本章工作任务

在使用图像时，经常会遇到图像偏色、曝光度不合适等问题。本章学习图像的调整及调色。对图像的亮度、对比度以及色相进行相应的调整，不仅可以修正图像的过亮 / 过暗、色彩偏色，更能使图像展示出不同的风格。

本章技能目标

- 掌握调整图像亮度和对比度的方法。
- 掌握调整图像色彩平衡的方法。
- 掌握修改图像色彩的方法。
- 掌握给偏色图片校正颜色的方法。

预习作业

（1）相对于“调整”命令，调整图层有什么优势？

（2）曲线可以调节图像的哪些参数？

（3）色彩平衡的原理是什么？

（4）总结本章中的相关快捷方式。

4.1 使用调整图层更改鸟的颜色

➢ 素材准备

“鸟.jpg”如图 4.1 所示。

➢ 完成效果

完成效果如图 4.2 所示。

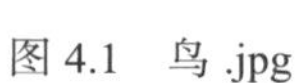

图 4.1 鸟.jpg

图 4.2 完成效果

➢ 案例分析

设计人员经常需要给图像调整颜色。要得到如图 4.2 所示的效果，需要对图像的部分进行色调的处理，这需要用到调整图层等知识点。

4.1.1 调整图层与调色命令

在 Photoshop 中，图像色彩的调整共有两种方式：一种是直接执行“图像 > 调整”菜单下的调色命令进行调节，这种方式属于不可修改方式，一旦调了整个图像的色调，就不可以再重新修改调色命令参数，如图 4.3 所示；另一种方式是使用调整图层，这种方式是可修改方式，如果对调色效果不满意，可以重新对调整图层的参数进行修改，如图 4.4 所示。隐藏调整图层，则可以取消调整图层对画面的作用。

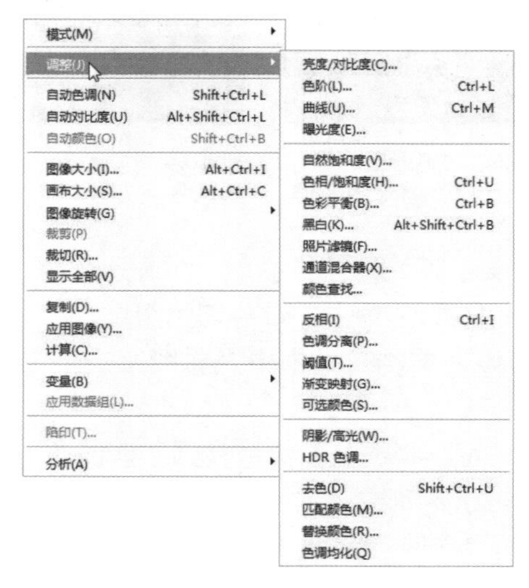

图 4.3 调整命令菜单

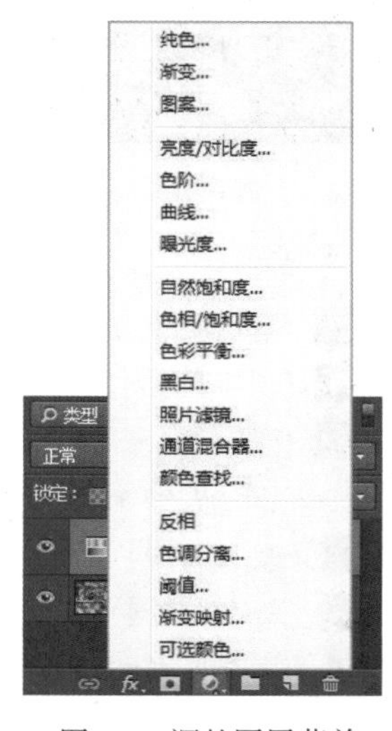

图 4.4 调整图层菜单

调整图层具有以下优点。

（1）使用调整图层不会对其他图层造成破坏。

（2）可以随时修改调整图层的相关参数。

（3）可以修改其“混合模式”和“不透明度”。

（4）在调整图层的蒙版上绘画，可以将调整应用于图像的一部分。

（5）创建剪贴蒙版时，调整图层可以只对一个图层产生作用；不创建剪贴蒙版时，则可以对下面的所有图层产生作用。

调整图层与调整命令相似，都可以对图像进行颜色的调整。不同的是，调整命令每次只能对一个图层进行操作，而调整图层则会影响该图层下方所有图层的效果，可以重复修改参数并且不会破坏原图层。调整图层作为“图层”，还具备图层的一些属性，如可以像普通图层一样进行删除、切换显示，隐藏、调整不透明度、混合模式、创建图层蒙版、剪贴图层等操作。执行“窗口 > 调整”命令，打开“调整”面板，在该面板中有 16 种调整工具，如图 4.5 所示。

在“调整”面板中单击一个调整图层图标，即可创建一个相应的调整图层，如图 4.6 所示。在其“属性”面板中可以对该调整图层的参数进行设置，单击右上角的“自动”按钮即可实现对图像的自动调整，如图 4.7 所示。在“图层”面板中单击“创建新的填充或调整图层”按钮，或执行“图层 > 新建调整图层”菜单下的命令也可以创建调整图层。

图 4.5 “调整”面板

图 4.6 调整图层

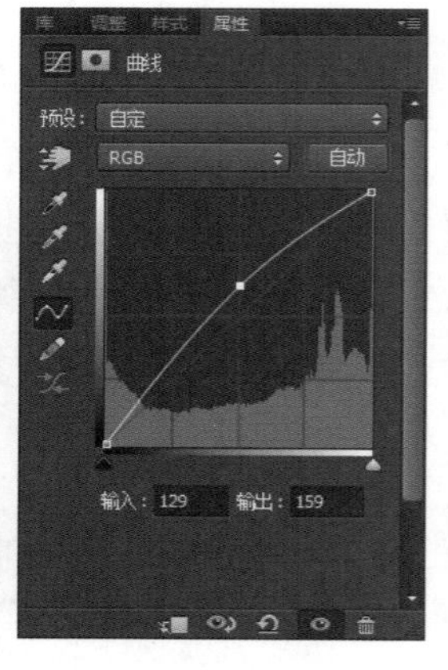

图 4.7 调整“属性”面板

“属性”面板中部分选项的说明如下。

- （蒙版）：单击，可进入该图层蒙版的设置状态。
- （此调整图层影响下面所有的图层）：单击，可剪切到图层。
- （查看上一状态）：单击，可以在文档对话框中查看图像上一个调整效果，比较两种不同的调整效果。
- （复位到调整默认值）：单击，可以将调整参数恢复到默认值。
- （切换图层可见性）：单击，可以隐藏或显示调整图层。
- （删除此调整图层）：单击，可以删除当前调整图层。

4.1.2 调整图层的基本操作

1. 新建调整图层

执行“图层 > 新建调整图层”菜单下相应的命令；在“图层”面板下面单击“创建新的填充或调整图层”按钮，选择相应的调整命令；在调整面板中单击调整图层图标。

2. 修改调整图层

创建好调整图层后，在“图层”面板中单击其缩略图，在“属性”面板中可以修改其相关参数。如果要删除调整图层，直接按 Delete 键或将其拖曳到“图层”面板下面的“删除图层”按钮上，或者在“属性”面板中单击“删除此调整图层”按钮即可。

4.1.3 实现案例——使用调整图层更改鸟的颜色

➢ 素材准备

“鸟 .jpg”如图 4.1 所示。

➢ 完成效果

完成效果如图 4.2 所示。

➢ 思路分析

★ 使用调整图层调整颜色。

★ 使用蒙版将“鸟”的部分显示，其他部分隐藏。

➢ 实现步骤

（1）打开“鸟 .jpg”文件。

（2）创建新的“色相 / 饱和度”调整图层，如图 4.8 所示。

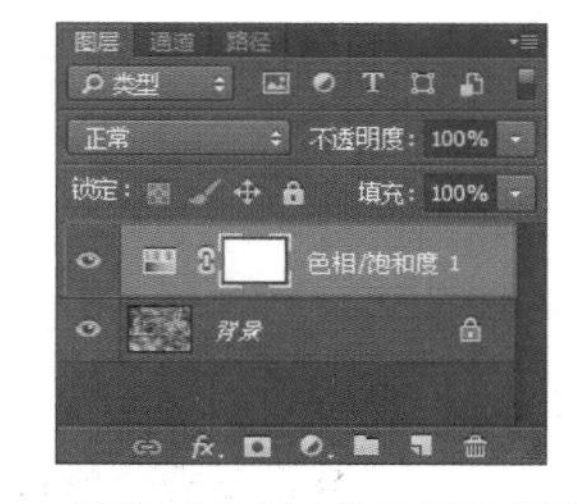

图 4.8　新建“色相 / 饱和度”调整图层

（3）在其“属性”面板中，设置“色相”为 -40，“饱和度”为 40，如图 4.9 所示。可以看到图像整个颜色都发生了变化，如图 4.10 所示。

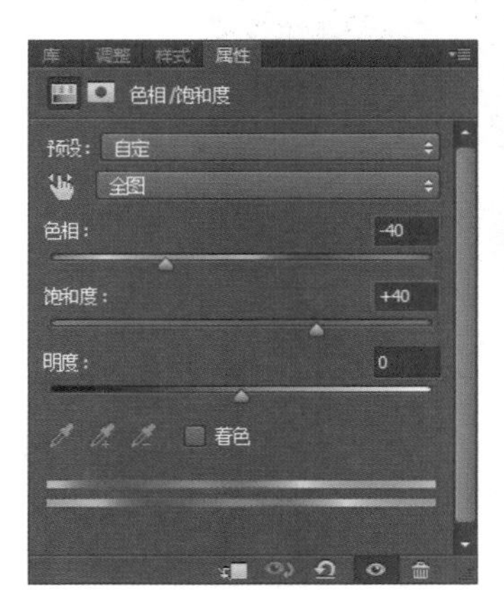

图 4.9　调整“色相 / 饱和度”的值

图 4.10　调整效果

（4）由于本案例中只想改变鸟的颜色，所以需要单击“色相 / 饱和度”图层蒙版，设置填充为黑色，然后使用白色画笔工具在蒙版中鸟的部分进行涂抹，注意不要擦到嘴、眼睛和爪子，肚子的部分可以适当降低不透明度，如图 4.11 所示。最终效果如图 4.12 所示。

图 4.11　填充蒙版

图 4.12　最终效果

（5）如果涂抹超过鸟的部分，可以使用黑色画笔工具在蒙版中擦拭，确认完成后保存文件。

4.2　使用“调色命令”使图像更加明亮

➢　素材准备

“胡同 .jpg”如图 4.13 所示。

图 4.13　胡同 .jpg

➢　完成效果

效果如图 4.14 所示。

➢　案例分析

要得到如图 4.14 的效果图，需要对图像的明暗对比和色彩倾斜进行调整，需要用到“色阶”命令、“曲线”命令等知识。

图 4.14　完成效果

4.2.1 “色阶”命令

“色阶”命令是一个非常强大的调整工具，不仅可以针对图像明暗对比进行调整，还可以对图像的阴影、中间调和高光强度级别进行调整，以及分别对各个通道进行调整，以调节整个图像对比或者色彩倾向。如图 4.15 所示为调整前后的照片对比效果。在 Photoshop 中打开要处理的图像，然后选择菜单“图像 > 调整 > 色阶”（Ctrl+L），弹出“色阶”对话框，如图 4.16 所示。

图 4.15　调整色阶前后的对比效果

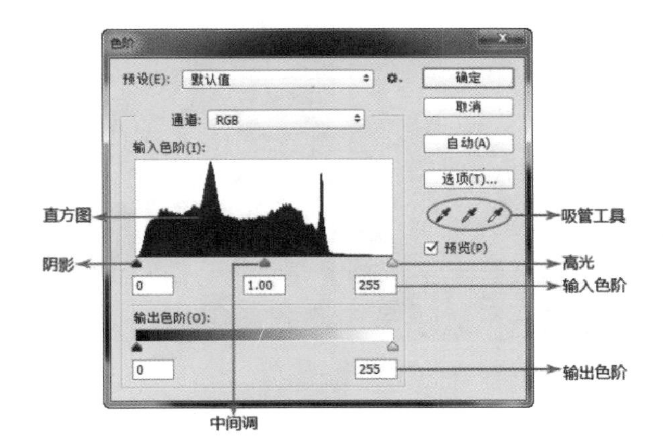

图 4.16 “色阶”对话框

在“色阶”对话框中，最主要的部分是位于对话框中部的直方图以及下方的调整滑块，使用它们可以完成对图像对比度的基本修改。移动滑块可以使图像中最暗和最亮的像素分别转变为黑色和白色，以调整图像的色调范围，因此可以利用它调整图像的对比度。需要说明的是，直方图表示图像中每个亮度值（0 ～ 255）处的像素点的多少；“输出色阶”栏中显示将要输出像素分布的数值，输出色阶只用来降低图像的对比度，控制图像中最亮和最暗的亮度数值；单击“选项”按钮打开“自动颜色校正选项”对话框，在其中可进行“算法”与“目标颜色和修剪”的设置，如图 4.17 所示。

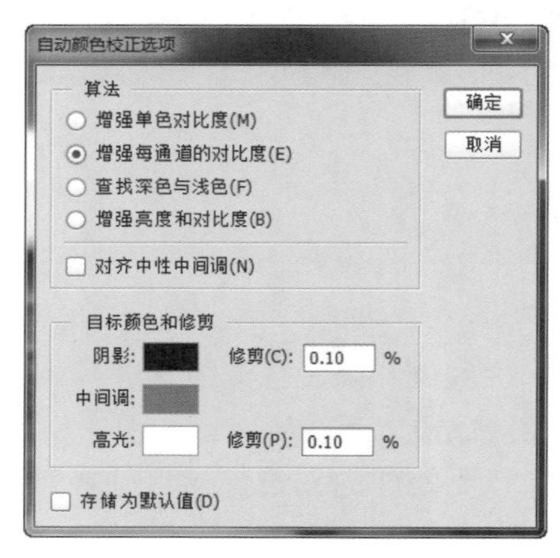

图 4.17 “自动颜色校正选项”对话框

4.2.2 “曲线”命令

“曲线”命令的功能非常强大，不仅可以进行图像明暗的调整，更具备了“亮度 / 对比度”“色彩平衡”“阈值”“色阶”等命令的功能。通过调整曲线的形状，可以对图像的色调进行非常精确的调整。如图 4.18 所示为曲线调整前后的对比效果图。选择菜单“图像 > 调整 > 曲线”（Ctrl+M），弹出“曲线”对话框，如图 4.19 所示。

图 4.18 曲线调整前后的对比效果

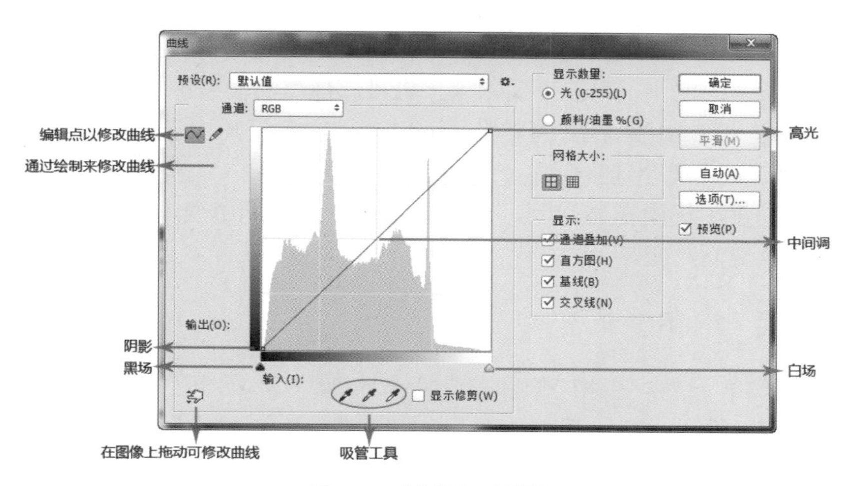

图 4.19 “曲线”对话框

在“通道”下拉列表框中可以选择一个通道来对比图像进行调整，以校对图像的颜色。

4.2.3 色彩平衡

使用“色彩平衡”命令调整图像的颜色时，根据颜色的补色原理，要减少某个颜色就要增加这种颜色的补色。该命令可以控制图像的颜色分布，使图像达到色彩平衡，如图 4.20 所示。执行“图像 > 调整 > 色彩平衡”命令（Ctrl+B），弹出“色彩平衡”对话框，如图 4.21 所示。

图 4.20 色彩平衡

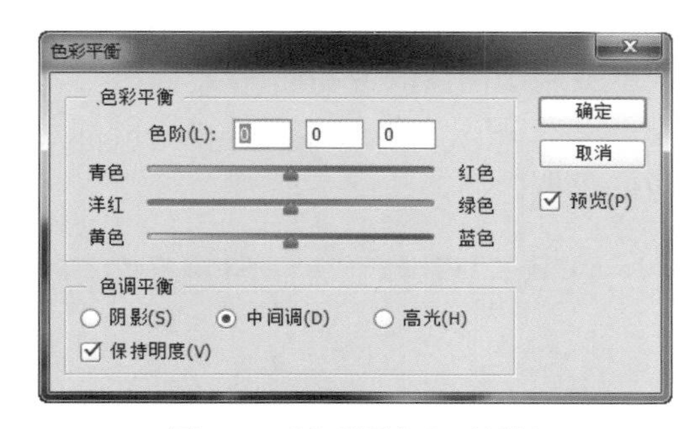

图 4.21 “色彩平衡”对话框

➢ 色彩平衡：用于调整“青色–红色”、“洋红–绿色”以及“黄色–蓝色”在图像中所占的比例，可以手动输入，也可以拖曳滑块来进行调整。

➢ 色调平衡：用于选择调整色彩平衡的方式，其中包含“阴影”“中间调”“高光”3 个选项。

➢ 保持明度：选中该复选框，可以保持图像的色调不变，以防亮度值随着颜色的改变而改变。

4.2.4 色相 / 饱和度

执行“图像 > 调整 > 色相 / 饱和度”命令（Ctrl+U），弹出“色相 / 饱和度”对话框，如图 4.22 所示。在对话框中可以对“色相”“饱和度”“明度”进行调整，如图 4.23 所示。同时也可以在“色相 / 饱和度”菜单中选择某一个单个通道进行调整。

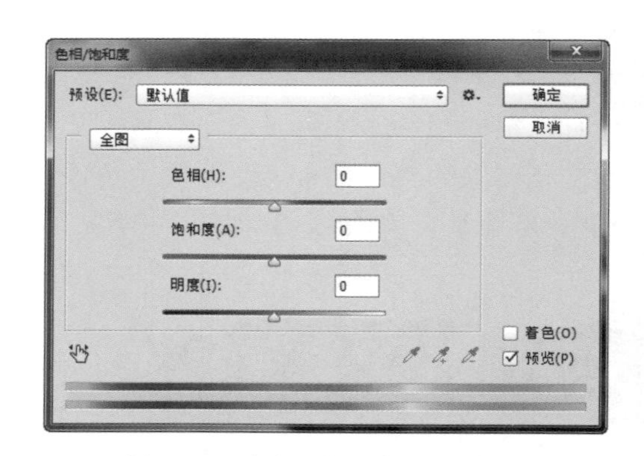

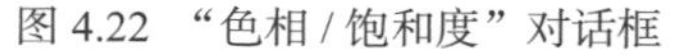
图 4.22 “色相 / 饱和度”对话框

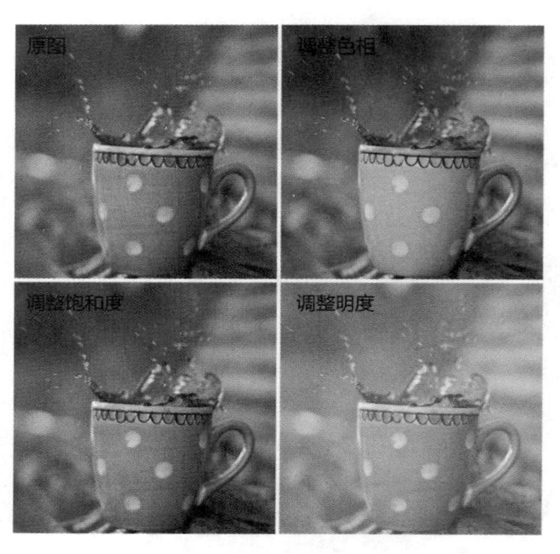

图 4.23 色相 / 饱和度调整效果

➢ 预设（预设选项）：在“预设”下拉列表框中提供了 8 种色相 / 饱和度预设。

➢ 通道下拉列表框：在该下拉列表框中可以选择全图、红色、黄色、绿色、青色、蓝色和洋红通道进行调整。

➢ 拖动可修改饱和度：使用该工具在图像上单击设置取样点后，向左或向右拖曳鼠标可以降低或增加图像的饱和度。

➢ 着色：选中该复选框，图像会整体偏向于单一的红色调，还可以拖曳 3 个滑块来调整图像的色调。

4.2.5 实现案例——使用“调色”命令使图像更加明亮

➢ 素材准备

“胡同 .jpg”如图 4.13 所示。

➢ 完成效果

完成效果如图 4.14 所示。

➢ 思路分析

★ 先调亮图像，再将过亮的地方减暗。

★ 对图像色调进行校正，使其更柔和。

➢ 实现步骤

（1）打开“胡同 .jpg”文件，可以看到图像的整体亮度过低，左侧的暗调区域细节不明确，如图 4.24 所示。按 Ctrl+J 快捷键复制出“图层 1”图层，如图 4.25 所示。

图 4.24 胡同 .jpg

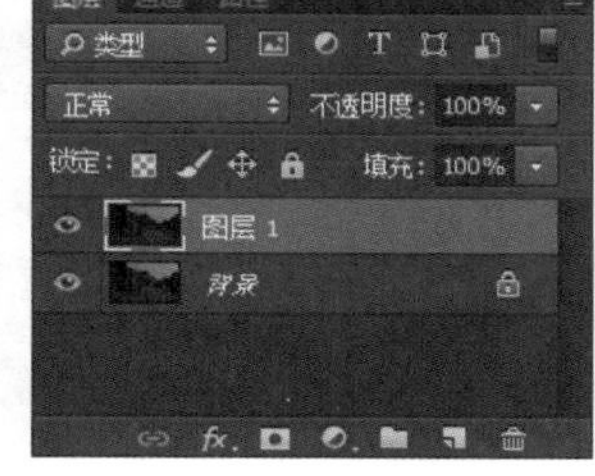

图 4.25 复制图层

（2）执行“图像 > 调整 > 曲线”命令，在弹出的“曲线”对话框中曲线的下半部分添加一个点，并调整曲线弧度，如图 4.26 所示。此时，图像暗部区域变亮了，细节也更加明确，但是天空区域的亮度偏高，如图 4.27 所示。

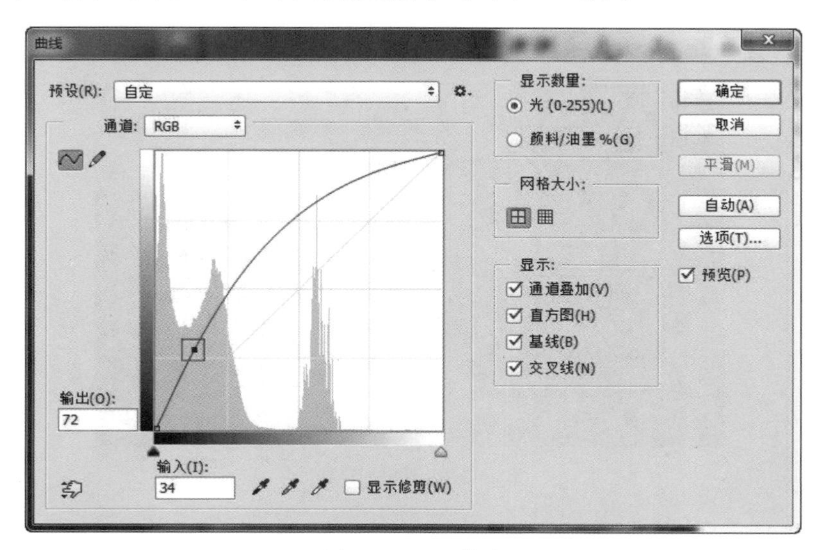

图 4.26 调整曲线

图 4.27　调整图像

（3）为了还原亮度偏高的天空部分，需要在曲线顶部添加一个点，并向下调整点的位置，如图 4.28 所示，使亮部区域暗下来，单击“确定”按钮，效果如图 4.29 所示。

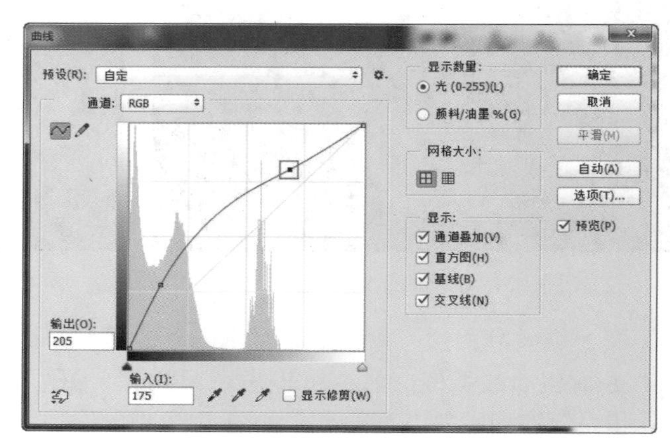

图 4.28　调整曲线

图 4.29　调整图像

（4）此时可以看到图像的整体色调偏冷，执行“图像 > 调整 > 色阶”命令，在弹出的“色阶”对话框中设置色阶“通道”为“红”，“输入色阶”为 1.20，如图 4.30 所示。设置色阶“通道”为“绿”，“输入色阶”为 1.10，如图 4.31 所示。

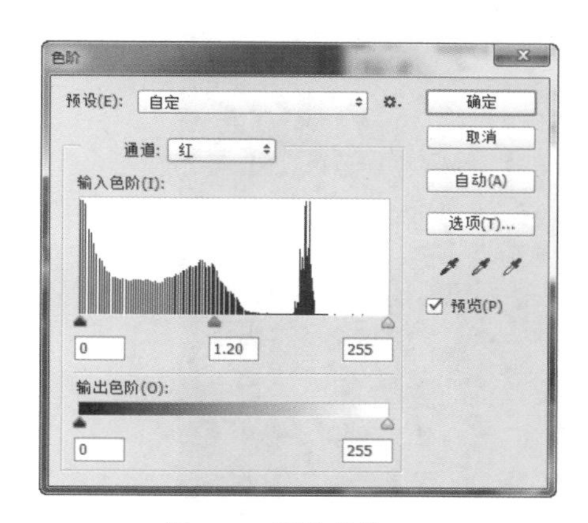

图 4.30 调整色阶 1

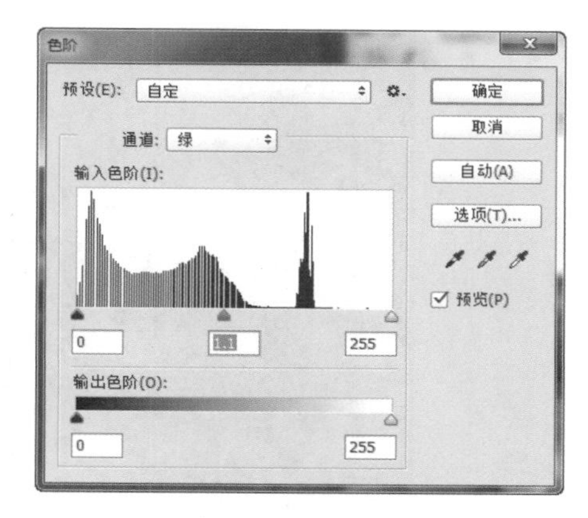

图 4.31 调整色阶 2

（5）最终效果如图 4.32 所示。完成后保存文件。

图 4.32 最终效果

技能训练

实战案例 1：校正秋意风光照片

➢ 需求描述

校正如图 4.33 所示的偏黄的照片，效果如图 4.34 所示。

图 4.33 秋意风光 .jpg

图 4.34　校正效果

➢ 技术要点

★ 色彩平衡的应用。

★ 曲线的应用。

➢ 实现思路

根据理论课讲解的技能知识，校正如图 4.33 所示的图像，实现如图 4.34 所示的效果，应从以下两点予以考虑。

★ 使用色彩平衡调整偏色。

★ 使用曲线调整曝光度。

实战案例 2：复古黄色调

➢ 需求描述

如图 4.35 所示为提供的素材，调整其色调，并放置到“卡片”上，如图 4.36 所示。

图 4.35　素材

图 4.36　复古黄色调

➢ 技术要点

★ 色彩平衡的应用。

★ 调整图层蒙版的使用。

★ 橡皮擦工具。

➢ 实现思路

根据理论课讲解的技能知识，完成如图 4.36 所示的效果，应从以下两点予以考虑。

➢ 使用调整色彩平衡来平衡色彩。

➢ 使用调整图层的蒙版，使非照片区域被覆盖，仅显现照片区域。

本章总结

➢ 利用“色阶”命令可以完成对图像对比度的基本修改。

➢ 通过“色阶”命令直方图下方的滑块可以调整图像对比度。

➢ “输出色阶”只用来降低图像的对比度，控制图像中最亮和最暗部分的亮度数值。

➢ 使用“曲线”命令进行颜色校正与使用“色阶”命令非常相似。

➢ “亮度 / 对比度”命令操作简单，但不适用于高要求输出。

➢ “色彩平衡”命令能进行一般性的色彩校正，可以改变图像的颜色构成，但不能精确控制单个颜色成分（单色通道），只能作用于复合颜色通道。

➢ “色相 / 饱和度”命令可以调整图像中单个颜色成分的色相、饱和度和明度，这是该命令与其他命令的不同之处。

第 5 章

选区、路径与矢量工具

本章简介

用 Photoshop 处理图像时，经常需要针对局部效果进行调整，通过选择特定区域，可以对该区域进行编辑并保持未选定区域不会被改动。这时就需要为图像指定一个有效的编辑区域，这个区域就是“选区”。选区的另外一项重要功能就是图像局部的分离，也就是抠图。同样，矢量工具中的钢笔工具由于能够精确地控制路径形状并且可以与选区相互转化，也被作为抠图的必备利器。

本章将学习 Photoshop 中选区工具、矢量工具和钢笔工具的概念及运用；然后介绍路径与形状工具以及选区之间的关系；接着学习抠图的技巧、路径的操作与运算等重点内容。

本章工作任务

在使用 Photoshop 时，经常需要针对局部效果进行调节，还需要将部分图像单独抠取出来，通过本章选区及钢笔工具的使用可以实现这样的操作。同时，使用矢量工具可以绘制矩形、五角星、箭头等图形。

本章技能目标

- 掌握选区工具、矢量工具、钢笔工具的使用方法
- 掌握常用抠图工具与技巧
- 掌握路径的操作与编辑方法

预习作业

（1）基本选择工具有哪些？它们各有什么特点？

（2）什么是路径？使用钢笔工具时，交点与平滑点怎么相互转换？

（3）形状工具有哪些？它们的运算有哪几种？

（4）总结本章中的相关快捷方式。

5.1 使用选区工具抠图制作 banner 图

➢ 素材准备

“小女孩 .jpg”和“背景 .jpg”分别如图 5.1 和图 5.2 所示。

图 5.1 小女孩 .jpg

图 5.2 背景 .jpg

➢ 完成效果

完成效果如图 5.3 所示。

图 5.3 banner 效果

➢ 案例分析

制作如图 5.3 所示的效果图，主要是将“小女孩”完整地从素材中抠取出来，再放到“背景”图中适当的位置。要实现该效果，需要运用到选区工具，如快速选择工具、魔棒工具等。

5.1.1 制作选区的常用技法

用 Photoshop 处理图像时，选择特定区域，可以对该区域进行编辑并保持未选定区域不会被改动，这个区域就是“选区”。

Photoshop 中包含多种用于制作选区的工具和命令，不同图像需要使用不同的选择工具来制作选区。

1. 选框选择法

对于比较规则的圆形或方形，可以使用选框工具组。选框工具组是 Photoshop 中最常用的选区工具，如图 5.4 所示。对于不规则的选区，则可以使用套索工具组（除磁性套索工具）来进行选择，如图 5.5 所示。

图 5.4　规则选区

图 5.5　不规则选区

2. 路径选择法

Photoshop 中的钢笔工具属于典型的矢量工具，通过该工具可以绘制出平滑或者尖锐的任何形状路径，绘制完成后可以将其转换为相同形状的选区。

3. 色调选择法

魔棒工具、快速选择工具、磁性套索工具和“选择 > 色彩范围”命令都可以基于色调之间的差异来创建选区。如果选择的对象与背景之间的色调差异比较大，就可以使用这些工具和命令来进行选择，如图 5.6 所示。

4. 通道选择法

通道抠图主要利用具体图像的色相差别或明度差别用不同的方法建立选区。通道抠图法非常适用于半透明和毛尖类对象选区的制作，例如毛发、婚纱、烟雾、玻璃以及具有运动模糊的物体，如图 5.7 所示。

图 5.6　色调选择法创建选区

图 5.7　通道抠图

5.1.2 选区的基本操作

选区作为一个非实体对象，也可以对其进行运算（新建选区、添加到选区、从选区减去、与选区交叉）、全选与反选、取消选择与重新选择、移动与变换、存储与载入等操作。

1. 选区的运算

如果当前图像中包含选区，在使用任何选框工具、套索工具或魔棒工具创建选区时，选项栏就会出现与选区运算相关的工具，如图 5.8 所示。

图 5.8 “选框”选项栏

- “新建选区”按钮：可以创建一个新选区，如果已经存在选区，那么新创建的选区将替代原来的选区。
- “添加到选区”按钮：可以将当前创建的选区添加到原来的选区中（按住 Shift 键也可以实现相同操作）。
- “从选区中减去”按钮：可以将当前创建的选区从原来的选区中减去（按住 Alt 键也可以实现相同操作）。
- “与选区交叉”按钮：新建选区时只保留原先选区与新建选区相交的部分（按住 Shift+Alt 快捷键也可以实现相同操作）。

2. 选区的选择

全选图像常见于复制整个文档的图像。执行“选择 > 全部”命令（Ctrl+A），可以选择当前文档边界内的所有图像，如图 5.9 所示。创建选区后，执行“选择 > 反向选择”命令（Shift+Ctrl+I），可以选择反相的选区，如图 5.10 所示。执行“选择 > 取消选择”命令（Ctrl+D），可以取消选区状态。

图 5.9　全选

图 5.10　反选

3. 移动选区

使用选框工具创建选区时，在释放鼠标前，按住 Space 键拖曳鼠标，可移动选区；将光标放置在选区内，当光标变为形状时，拖曳可移动选区，如图 5.11 所示。

图 5.11　选区的移动

小技巧

选区的移动、剪切和复制介绍如下。

按↑、↓、←、→键可小幅度移动选区；按 Ctrl 键，可剪切选区中的图像到指定位置，如图 5.12 所示；按住 Ctrl+Alt 快捷键，可复制选区中的图像到指定位置，如图 5.13 所示。

图 5.12　剪切选区图像

图 5.13　复制选区图像

4. 变换选区

变换选区的操作和自由变换操作非常相似，都能够进行移动、旋转、缩放、斜切、扭曲、透视、变形等操作。对创建好的选区执行“选择 > 变换选区”命令或按 Alt+S+T/Ctrl+T 键，或在图像上右击并选择“变换选区”命令进行相应的变换。

5.1.3　基本选择工具

基本选择工具包括选框工具组、套索工具组、快速选择工具组，每个工具组中又包含多种工具。熟练掌握这些基本工具的使用方法，可以快速地选择需要的选区。

1. 选框工具组

- 矩形选框工具（M）：矩形选框工具主要用于创建矩形选区和正方形选区，按住 Shift 键可以创建正方形选区。需要说明的是，在其选项栏中消除锯齿可以使选区边缘变得平滑；在其选项栏中，“样式”用来设置矩形选区的创建方法，包括“正常”“固定比例”“固定大小”。

➢ 椭圆选框工具（M）：椭圆选框工具主要用来制作椭圆选区和正圆选区，按住 Shift 键可以创建正圆选区。需要说明的是，在其选项栏中选中“消除锯齿”复选框，可以使选区边缘变得平滑，如图 5.14 所示。

羽化：0 像素　消除锯齿　样式：正常　宽度：　高度：　调整边缘...

图 5.14 “选框工具”选项栏

➢ 单行 / 单列选框工具：单行选框工具和单列选框工具主要用来创建高度或宽度为 1 像素的选区，常用来制作网格效果。

2. 套索工具组

➢ 套索工具（L）：使用套索工具可以自由地绘制出形状不规则的选区。选择套索工具后，在图像上拖曳鼠标绘制选区边界，当释放鼠标时，选区自动闭合，如图 5.15 所示。

图 5.15　套索工具

➢ 多边形套索工具（L）：多边形套索工具的使用方法与套索工具的使用方法类似，适合于创建一些转角比较强烈的选区。

➢ 磁性套索工具（L）：磁性套索工具能够以颜色上的差异自动识别对象的边界，特别适用于快速选择与背景对比强烈且边缘复杂的对象。使用磁性套索工具时，套索边界会自动对齐图像的边缘，如图 5.16 所示。在其选项栏中，“宽度”值决定了以光标中心为基准，光标周围有多少像素能够被磁性套索检测到；“对比度”主要用来设置磁性套索工具感应图像边缘的灵敏度；“频率”用来设置磁性套索吸附时生成锚点的数量，如图 5.17 所示。

图 5.16　套索工具

羽化：0 像素　消除锯齿　宽度：10 像素　对比度：10%　频率：57　调整边缘...

图 5.17 “磁性套索工具”选项栏

小技巧

套索工具的切换介绍如下。

在使用套索工具和磁性套索工具时，在绘制过程中按住 Alt 键，释放鼠标（不松开 Alt 键），会自动切换到多边形套索工具。

3. 快速选择工具组

➢ 快速选择工具（W）：使用快速选择工具，可以利用调整的圆形笔尖迅速地绘制出选区。当拖曳笔尖时，选区范围会向外扩张，并可以自动寻找并沿着图像的边缘来描绘边界。需要说明的是，在其选项栏中创建选区后，系统会默认激活“添加到选区”按钮，可以在原有选区的基础上添加新创建的选区，激活“从选区中减去”按钮，可以在原有选区的基础上减去，如图 5.18 所示。在其选项栏中，选中“对所有图层取样”复选框，Photoshop 会根据所有的图层建立选区范围，而不仅是针对当前图层；选中“自动增强”复选框，可以降低选区范围边界的粗糙度与区块感，如图 5.19 所示。

图 5.18 快速选择工具

30 对所有图层取样 自动增强 调整边缘...
“选区运算”

图 5.19 “快速选择工具”选项栏

小技巧

快速选择工具的快捷操作如下。

(1) 在使用“添加到选区”操作时，可以按住 Alt 键临时切换到“从选区中减去”状态。

(2) 在英文半角输入法下，可以使用 [和] 键调节画笔的大小。

➢ 魔棒工具（W）：使用魔棒工具单击图像就能在容差值范围之内的区域选取颜色，如图 5.20 所示。需要说明的是，在其选项栏中，“容差”决定所选像素之间的相似性或差异性，其取值是 0 ～ 255，数值小，选择的范围就小，反之选择范围就广；选中“连续”复选框，只能选择颜色连接的区域；选中“对所有图层取样”复选框，可以选择所有可见图层上颜色相近的区域，如图 5.21 所示。

图 5.20　魔棒工具

取样大小：取样点　容差：32　消除锯齿　连续　对所有图层取样　调整边缘…

图 5.21　“魔棒工具”选项栏

5.1.4　实现案例——使用选区工具抠图制作 banner 图

➢　素材准备

“小女孩 .jpg”和“背景 .jpg”分别如图 5.1 和图 5.2 所示。

➢　完成效果

完成效果如图 5.3 所示。

➢　思路分析

★　利用选区工具抠取出“小女孩”。

★　将抠取出的小女孩放置到背景层合适的位置。

➢　实现步骤

（1）打开小女孩素材，使用快速选择工具或其他选区工具创建选区，得到如图 5.22 所示选区。

（2）将选区载入并新建图层（Ctrl+J），抠取出小女孩，如图 5.23 所示。

图 5.22　创建选区

图 5.23　抠取小女孩

（3）打开“背景”素材，将抠取的“小女孩”拖曳过来，调整至合适的大小和位置，完成效果如图 5.24 所示。保存文件。

图 5.24　完成效果

5.2　使用钢笔工具抠取“钢铁侠”

➢ 素材准备

“钢铁侠 .jpg”如图 5.25 所示。

➢ 完成效果

完成效果如图 5.26 所示。

图 5.25　钢铁侠 .jpg

图 5.26　完成效果

➢ 案例分析

一般常用的选区工具有魔棒工具、套索工具等，但是由于素材图中“钢铁侠”的边缘不规范，背景也比较复杂，所以难以抠出满意图形。这里就用到了刚学的钢笔工具。用它的锚点调节功能和路径转换选区概念，就可以轻松实现如图 5.26 所示的效果。接下来，将对钢笔工具的相关内容进行讲解。

5.2.1 认识路径

使用 Photoshop 进行设计时，矢量工具中的钢笔工具由于能够精确地控制路径形状并且可以与选区相互转化，通常被作为“抠图”的必备利器。

路径是一种轮廓，由一条或者多条直线或曲线段组成，用锚点标记路径的端点。虽然路径不包含像素，但是可以使用颜色填充或描边路径。路径可以作为矢量蒙版来控制图层的显示区域。

路径可以使用钢笔工具和形状工具来绘制，绘制的路径可以是开放式、闭合式和组合式，如图 5.27 所示。绘制路径不会新建图层，而绘制形状会新建图层，这是路径和形状的主要区别。

锚点分为平滑点和角点两种类型，如图 5.28 所示。

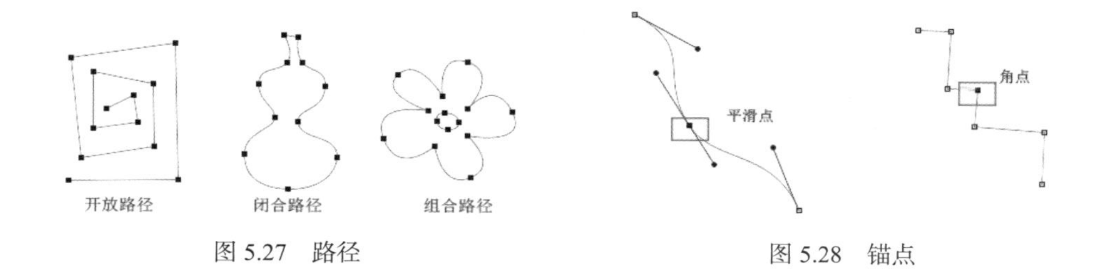

图 5.27　路径　　　　图 5.28　锚点

小技巧

路径与选区的相互转化如下。

抠图是钢笔工具最主要的功能。将路径转换为选区的主要方式为绘制完路径后右击，在弹出的快捷菜单中选择“转换为选区”命令，在弹出的“建立选区”对话框中可以对选区渲染和操作进行设置后确定即可；按住 Ctrl 键，在“路径”面板中单击路径缩略图，或单击“将路径作为选区载入”按钮；也可以按 Ctrl+Enter 快捷键将路径转换为选区。

选择绘制后的选区，右击，在弹出的快捷菜单中选择“建立工作路径”命令，在弹出的对话框中对容差值进行设置后确定即可。

5.2.2 钢笔工具组

1. 钢笔工具（P）

钢笔工具是最基本、最常用的路径绘制工具，使用该工具可以绘制任意的直线或者曲线路径，其选项栏如图 5.29 所示，其中选中“橡皮带”复选框可以在绘制路径的同时看到路径的走向。

图 5.29　“钢笔工具”选项栏

（1）使用钢笔工具绘制直线：选择钢笔工具，在选项栏中选择“路径”选项，在画面中单击，即可建立一个锚点，单击另一个位置创建第二个锚点，两个锚点会连接成一条由角点定义的直线路径，将鼠标指针放在路径的起点，当鼠标指针变成形状时，单击即可闭合路径，如图 5.30 所示。

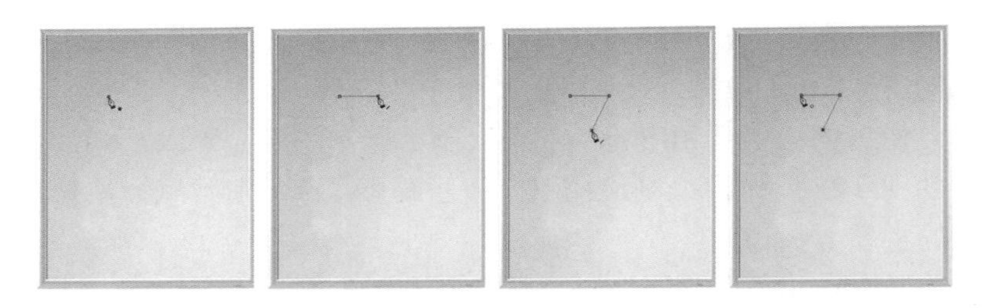

图 5.30　绘制直线

（2）使用钢笔工具绘制直曲线：同绘制曲线一样，在空白处单击建立第一个锚点，但在创建第二个锚点时，拖曳鼠标，控制好曲线的走向，松开鼠标即可。继续绘制其他平滑点，可使用直接选择工具，修整平滑点，使之更加平滑，如图 5.31 所示。

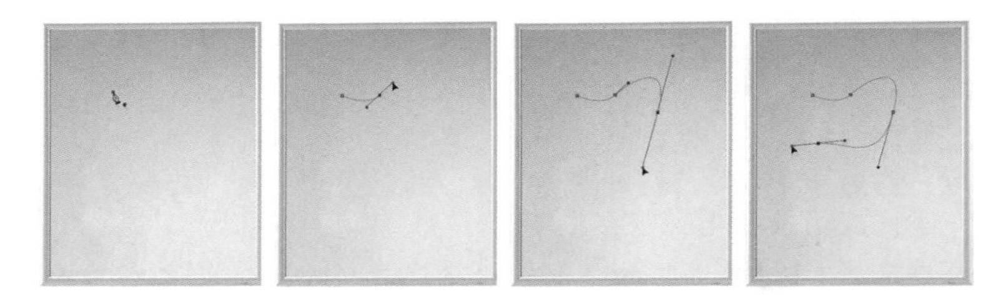

图 5.31　绘制曲线

2. 自由钢笔工具（P）

使用自由钢笔工具绘图时，将自动添加锚点，无须确定锚点的位置，就可以绘制出比较随意的图形，像用铅笔在纸上绘画。完成路径后可用选择工具对其进一步调整，如图 5.32 所示。

图 5.32　自由钢笔工具

在其选项栏中选中“磁性的”复选框，将切换为磁性钢笔工具，该工具可以向磁性套索工具一样快速勾勒出对象的轮廓。

3. 添加锚点工具

使用添加锚点工具可以直接在路径上添加锚点，或者在使用钢笔工具的状态下，将鼠标指针放在路径上，当鼠标指针变成形状时，在路径上单击也可添加一个锚点，如图 5.33 所示。

4. 删除锚点工具

使用删除锚点工具可以直接在路径上删除锚点，或者在使用钢笔工具的状态下，将鼠标指针放在路径上，当鼠标指针变成形状时，在路径上单击也可删除一个锚点，如图 5.34 所示。

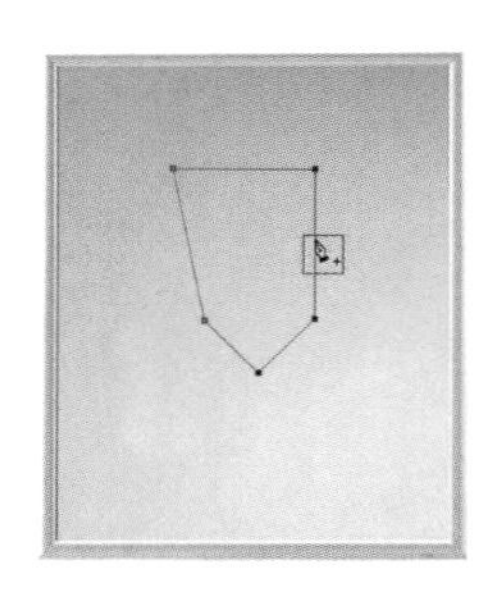
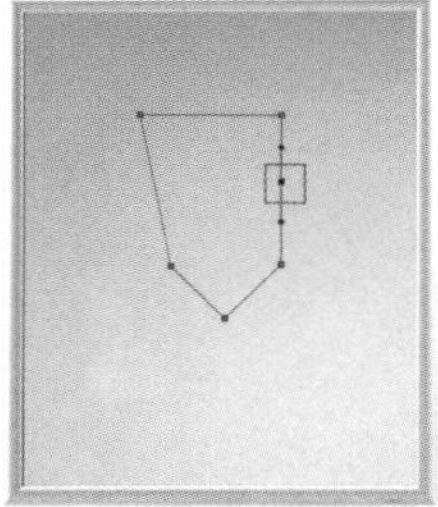

图 5.33 添加锚点工具

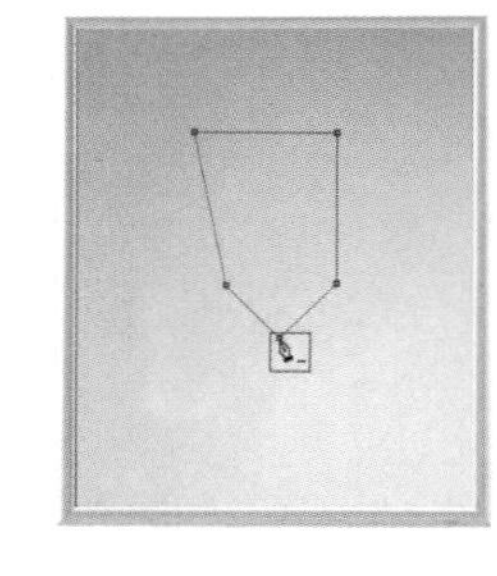
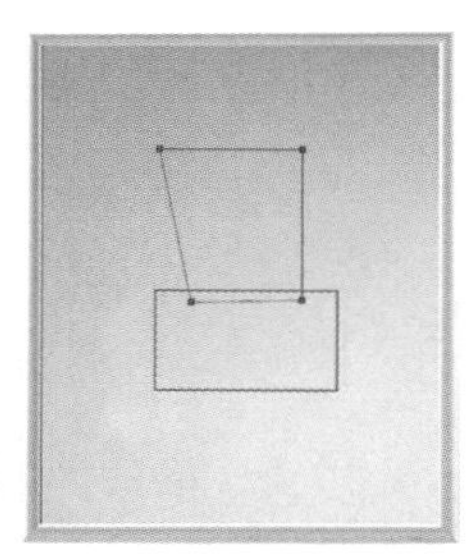

图 5.34 删除锚点工具

5. 转换点工具

转换点工具主要用来转换锚点的类型。如图 5.35 所示，单击角点，拖动鼠标可以将角点转换为平滑点；单击平滑点，可以将平滑点转换为角点。

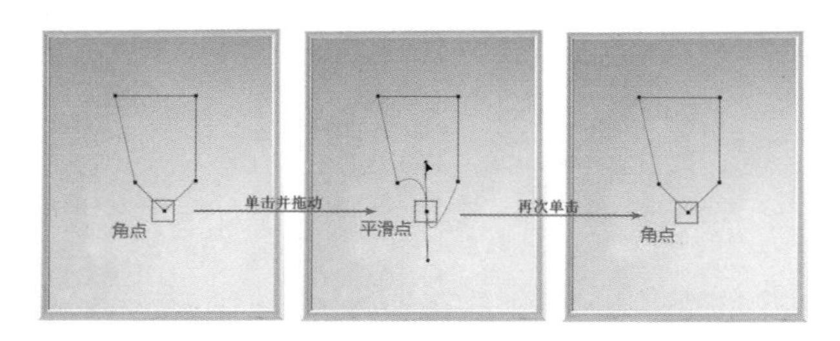

图 5.35 转换点工具

小技巧

钢笔工具的快捷方式如下。

(1) 使用钢笔工具绘制直线路径时，按住 Shift 键，可以绘制水平、垂直和以 45° 角为增量的直线。

(2) 在使用钢笔工具绘制路径时，按住 Alt 键，可临时转换为转换点工具；按住 Ctrl 键可临时切换为直接选择工具；按住 Ctrl+Alt 快捷键，可临时转换为路径选择工具；按住 Space 键，可临时转换为抓手工具。

5.2.3 路径的基本操作

使用选择工具组可以用来选择和调整路径的形状，路径可以对图像进行变换、填充和描边等操作。

1. 使用选择工具调整路径

➢ 路径选择工具（A）：使用路径选择工具单击路径上的任意位置可以选择单个路径，按住 Shift 键单击，可以选择多个路径，还可以用来组合、对齐和分布路径。按住 Ctrl 键单击，可将当前工具转换为直接选择工具。

➢ 直接选择工具（A）：直接选择工具主要用来选择路径上单个或多个锚点，可以移动锚点、调整方向线。单击可以选中某一个锚点，框选或按住 Shift 键可以选择多个锚点，按住 Ctrl 键单击，可将当前工具转换为路径选择工具。

2. 变换路径

在绘制完成的路径上右击，在弹出的快捷菜单中选择“自由变换路径”命令或按快捷键 Ctrl+T，即可对其进行相应的变换，方法和变换图像一样，这里就不重复讲解了。

3. 填充 / 描边路径

在绘制完成的路径上右击，在弹出的快捷菜单中选择“填充路径 > 描边路径”命令，在弹出的对话框中对填充 / 描边进行相应的设置即可，如图 5.36 所示。

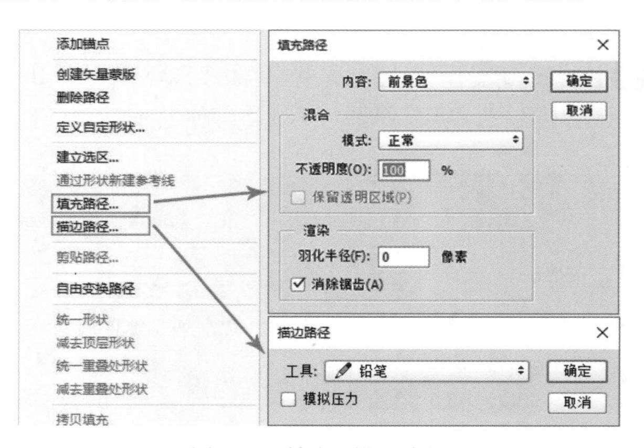

图 5.36 填充 / 描边路径

5.2.4 实现案例——使用钢笔工具抠取出“钢铁侠”

➢ 素材准备

“钢铁侠 .jpg”如图 5.25 所示。

➢ 完成效果

完成效果如图 5.26 所示。

➢ 思路分析

★ 使用钢笔工具沿着“钢铁侠”边缘建立路径。

★ 将路径转换为选区。

★ 更换背景。

➢ 实现步骤

（1）打开素材文件，复制“背景”图层，并将背景层隐藏，如图 5.37 所示。

（2）选择钢笔工具，在“钢铁侠”头部边缘处单击，即可创建一个锚点，如图 5.38 所示。

图 5.37　载入素材图

图 5.38　创建第一个锚点

（3）沿着“钢铁侠”边缘单击并拖曳鼠标创建第二个锚点。需要注意的是，通过拖曳控制手柄的长度及角度，控制好曲线沿着“钢铁侠”边缘移动，如图 5.39 所示。

（4）继续绘制其他锚点，可以按住 Alt 键，将钢笔工具临时变换为转换点工具，将路径延伸方向转换为角点状态，如图 5.40 所示。如果对绘制的锚点不满意，可按 Ctrl+Z 快捷键，撤销上一步操作。

图 5.39　创建第二个锚点

图 5.40　临时转换为转换点工具

（5）绘制路径，直到和第一个锚点闭合，如图 5.41 所示。按住 Ctrl+Enter 快捷键，将路径转化为选区，如图 5.42 所示。

图 5.41　闭合路径图

图 5.42　路径转换为选区

（6）按 Ctrl+J 快捷键，将选区的“钢铁侠”复制到一个新的图层中，如图 5.43 所示。

（7）载入新背景素材，调整大小及位置，最终效果如图 5.44 所示。

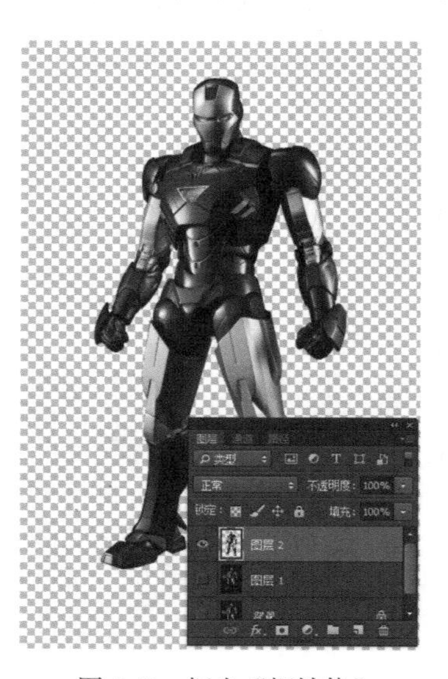

图 5.43　抠出“钢铁侠”

图 5.44　添加新背景

5.3　应用形状工具（U）制作小米 Logo

➢ 完成效果

完成效果如图 5.45 所示。

图 5.45　完成效果

➢ 案例分析

如图 5.45 所示的效果图，是在一个规则的图像中剪切中间的部分，制作出 M 的外形，然后添加两个矩形。要实现该效果，需要使用形状工具组及其运算，理论知识讲解如下。

5.3.1　形状工具组

Photoshop 形状工具组包含了多种矢量形状，如矩形工具、圆角矩形工具、椭圆工具、多边形工具、直线工具和自定形状工具。

1. 矩形工具

矩形工具的使用方法与矩形选框工具类似，可以绘制出正方形和矩形。按住 Shift 键可以绘制出正方形；按住 Alt 键可以以鼠标单击点为中心绘制矩形；按住 Shift+Alt 快捷键可以以鼠标单击点为中心绘制正方形。

2. 圆角矩形工具

圆角矩形工具可以创建出具有圆角效果的矩形，其设置选项与矩形工具完全相同。

3. 椭圆工具

使用椭圆工具可以绘制出椭圆形和圆形，其设置选项与矩形工具相似。

4. 多边形工具

使用多边形工具可以创建出正多边形和星形。需要说明的是，选中“平滑拐角”复选框，可以创建出具有平滑拐角效果的多边形或星形；选中“星形”复选框，可以创建星形，“缩进边依据”选项主要用来设置星形边缘向中心缩进的百分比，数值越大，缩进量越大；选中“平滑缩进”复选框，可以使星形的每条边向中心平滑缩进，如图 5.46 所示。

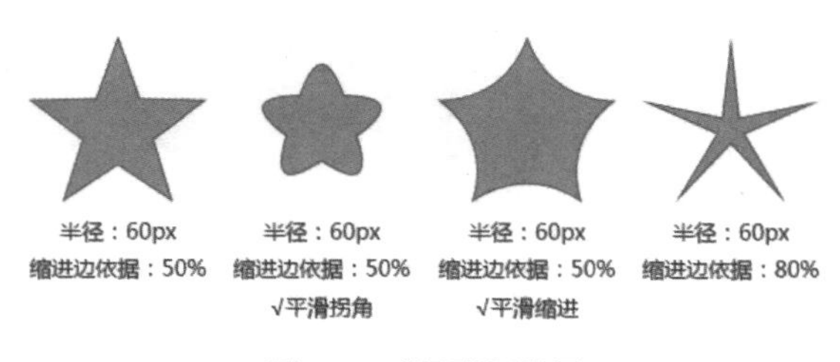

图 5.46 “星形”设置

5. 直线工具

使用直线工具可以创建出直线和带箭头的路径。关于箭头，“起点” / “终点”复选框可以在直线的起点 / 终点处添加箭头；宽度用来设置箭头的宽度与直线宽度的百分比；长度用来设置箭头长度与直线宽度的百分比；凹度用来设置箭头尾部的凹陷程度，如图 5.47 所示。

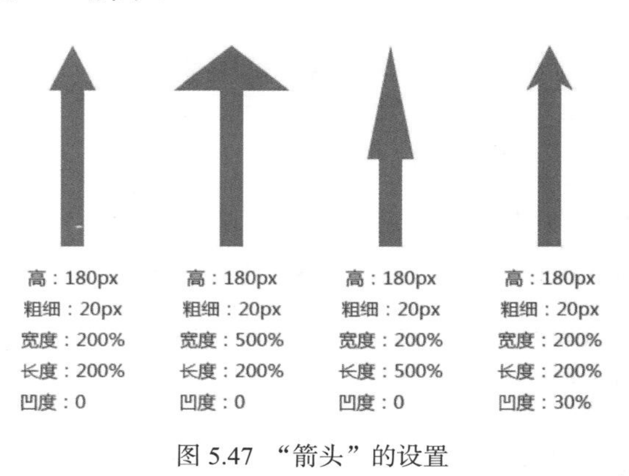

图 5.47 “箭头”的设置

6. 自定形状工具

使用自定形状工具可以创建出非常多的形状，这些形状可以是 Photoshop 预设形状，也可以是自定义或加载的外部形状。

小技巧

定义形状预设如下。

定义形状与定义图案、画笔相似，可以保存到自定形状工具的形状预设中，以后如果需要绘制相同的形状，可以直接调用自定形状。

选择形状图层，然后执行“编辑 > 定义自定形状”命令，弹出“形状名称”对话框，重新命名即可。

5.3.2 形状的运算

创建多个形状时，或用选择工具调整路径时，在工具选项栏中选择相应的运算命令，如图 5.48 所示。效果如图 5.49 所示。

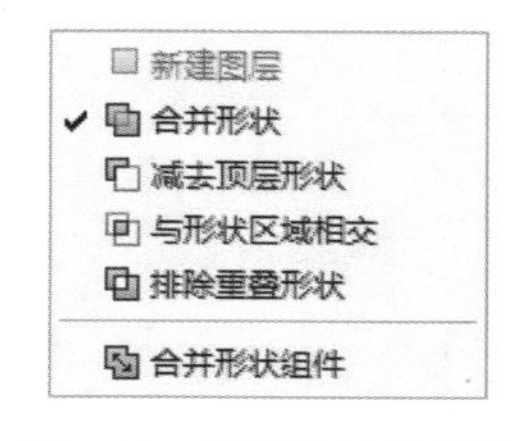

图 5.48 路径的运算菜单

图 5.49 形状运算效果

➢ 合并形状：用钢笔或形状工具绘制完路径或形状后或用路径选择两个或者多个路径后单击该按钮，可将当前图形添加到原有的图形中。

- 减去顶层形状：用钢笔或形状工具绘制完路径或形状后或用路径选择两个或者多个路径后单击该按钮，可从原有的图形中减去当前的图形。
- 与形状区域相交：用钢笔或形状工具绘制完路径或形状后或用路径选择两个或者多个路径后单击该按钮，可得到当前图形与原有图形的交叉区域。
- 排除重叠形状：用钢笔或形状工具绘制完路径或形状后或用路径选择两个或者多个路径后单击该按钮，可得到当前图形与原来图形重叠部分以外的区域。

5.3.3 实现案例——应用形状工具制作小米 Logo

- 完成效果

完成效果如图 5.45 所示。

- 思路分析
  - ★ 新建文件，并根据规范新建参考线。
  - ★ 使用圆角矩形工具绘制出一个圆角的图形。
  - ★ 使用形状的运算进行裁剪。
  - ★ 绘制两个矩形。
- 实现步骤

（1）新建文件（如尺寸为 500×500 像素），并填充背景颜色（如 f08300），如图 5.50 所示。

（2）执行“视图 > 显示 > 智能参考线”命令，启用智能参考线，如图 5.51 所示。智能参考线有助于对齐形状。

图 5.50　新建文件

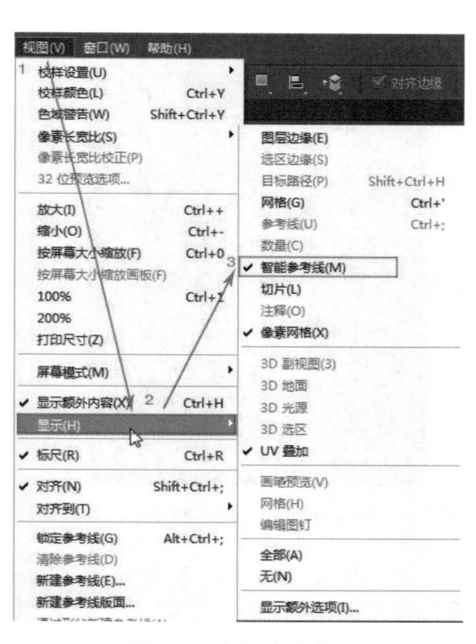

图 5.51　智能参考线

（3）执行“视图 > 新建参考线”命令，在弹出的如图 5.52 所示的“新建参考线”对话框中，选中“水平”或“垂直”单选按钮，新建水平和垂直参考线（水平参考线数值：120、176、218、378；垂直参考线数值：58、120、167、229、276、338、385、447），如图 5.53 所示。

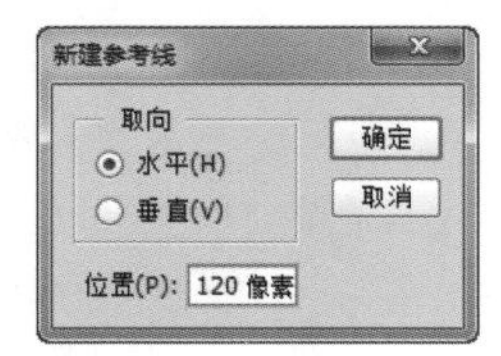

图 5.52 “新建参考线”对话框

（4）切换为圆角矩形工具，如图 5.54 所示，单击交点 1，拖动鼠标至交点 2，新建“圆角矩形 1”。

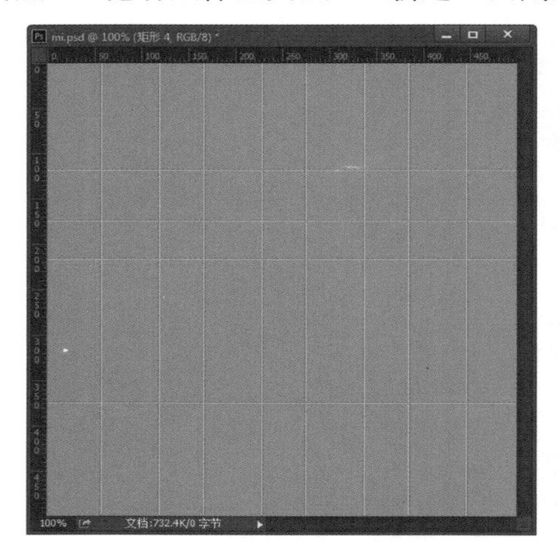

图 5.53 新建参考线

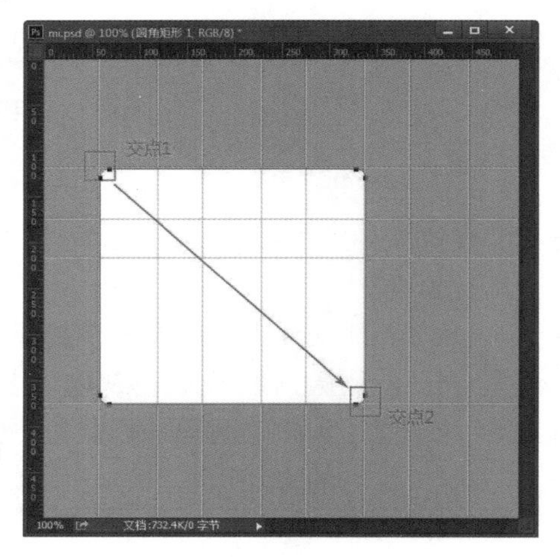

图 5.54 新建圆角矩形

（5）执行“窗口 > 属性”命令，打开“属性”面板，如图 5.55 所示，取消圆角链接，设置第二个圆角数值为 60 像素，效果如图 5.56 所示。

图 5.55 设置圆角矩形

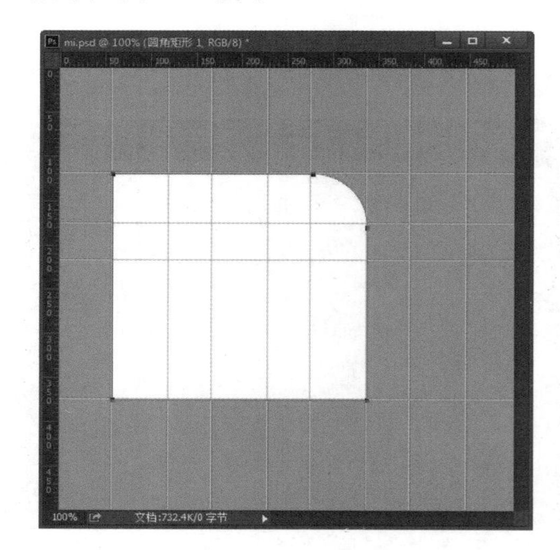

图 5.56 效果

（6）同理，新建“圆角矩形 2”并设置，如图 5.57 所示。

（7）选中“圆角矩形 1”和“圆角矩形 2”，按 Ctrl+E 快捷键将其合并，如图 5.58 所示。

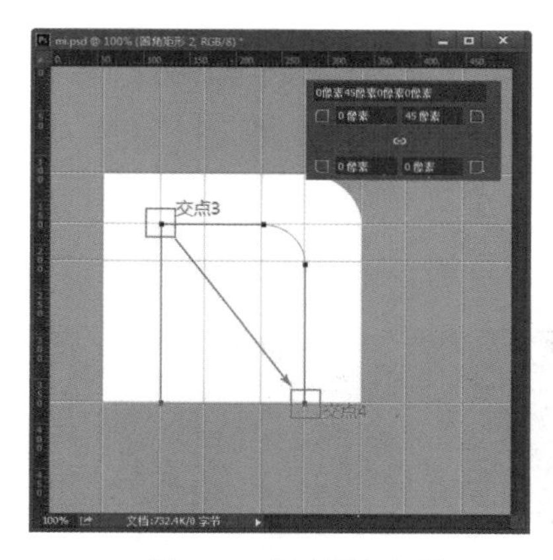

图 5.57　新建圆角矩形

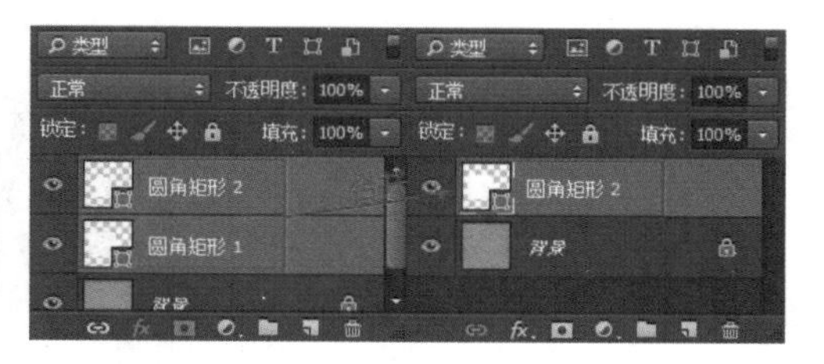

图 5.58　合并图层

（8）使用路径选择工具，在图层中选中原“圆角矩形 2”的路径，如图 5.59 所示。

（9）在选择工具选项栏中，选择图形运算菜单中的“减去顶层形状”命令，然后选择“合并形状组件”命令，新图形完成，如图 5.60 所示。

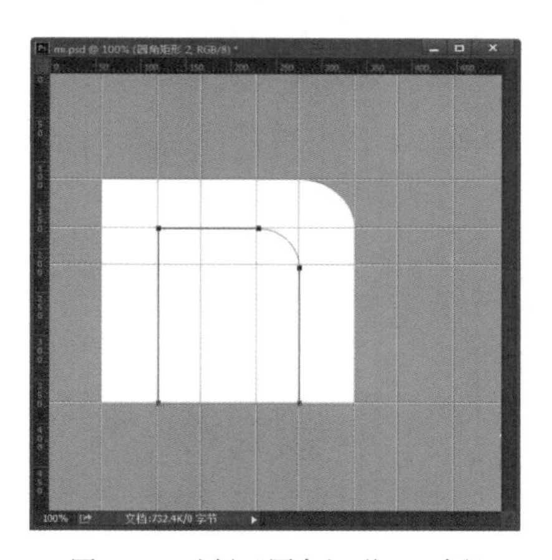

图 5.59　选择“圆角矩形 2”路径

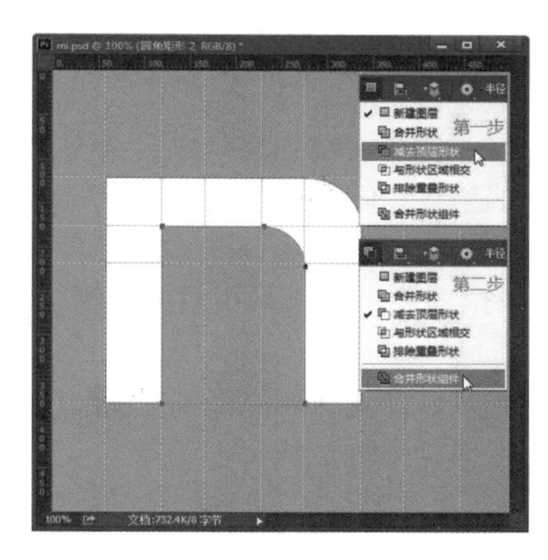

图 5.60　减去顶层图形

（10）选择矩形工具，绘制“矩形 1”和“矩形 2”，完成小米 Logo 的制作，如图 5.61 所示。保存文件。

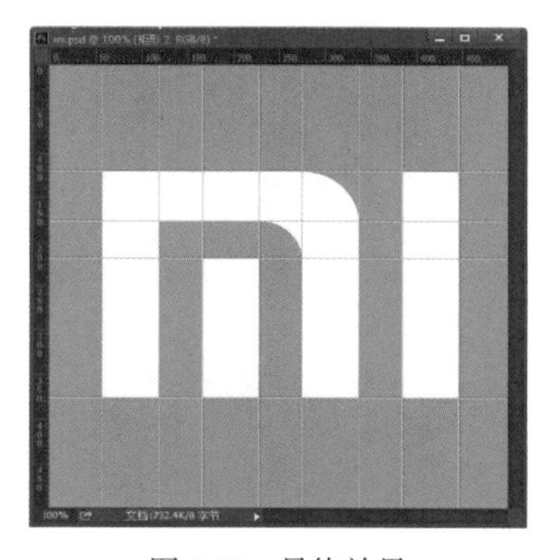

图 5.61　最终效果

技能训练

实战案例 1：快速更换背景

➢ 需求描述

如图 5.62 所示，将图像中的小孩快速更换一个背景，得到如图 5.63 所示的效果。

图 5.62 素材图片

图 5.63 场景更换效果

➢ 技术要点

快速选择工具的使用。

➢ 实现思路

根据理论部分讲解的技能知识，完成如图 5.63 所示的效果，应从以下方面予以考虑。

★ 使用快速选择工具建立选区。

★ 柔化边缘。

实战案例 2：使用钢笔工具制作 Logo

➢ 需求描述

应用本章相关知识制作 Logo，如图 5.64 所示。

图 5.64 效果

➢ 技术要点

钢笔工具的使用。

★ 路径描边及填充。

➢ 实现思路

根据理论课讲解的技能知识，完成如图 5.64 所示的效果，应从以下两点予以考虑。

★ 使用钢笔工具勾画 Logo 轮廓。

★ 路径填充颜色或者渐变色。

实战案例 3：制作网站图标

➢ 需求描述

应用本章相关知识制作网站图标，效果如图 5.65 所示。

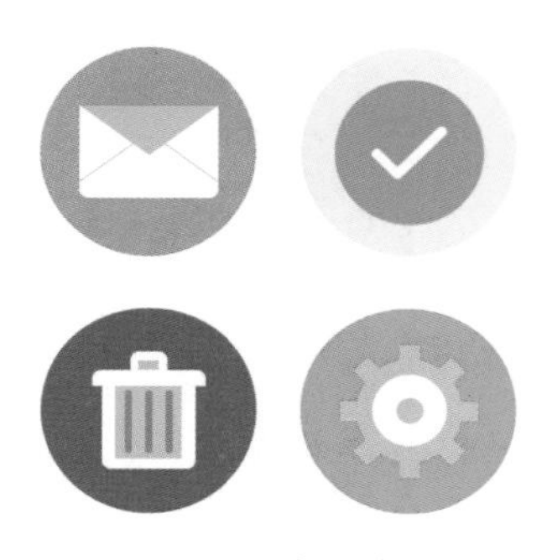

图 5.65 完成效果

➢ 技术要点

★ 形状工具组的使用。

★ 形状的运算。

➢ 实现思路

根据理论课讲解的技能知识，完成如图 5.65 所示的效果，应从以下两点予以考虑。

★ 分析图标的形状组成部分以及图层的上下关系。

★ 使用形状工具以及形状的运算完成图标的制作。

本 章 总 结

➢ 通过基本选区的创建以及运算等操作，可以对该区域进行编辑，而未选中的区域不会被改动。

➢ 了解钢笔工具在图片处理中的重要作用，掌握钢笔工具的使用方法和使用技巧。

➢ 形状工具的使用。利用形状工具组可以方便地绘制矩形、圆角矩形、椭圆形、多边形、直线和其他自定的形状。

➢ 路径和选区之间的转换。

➢ 给闭合路径填充颜色、描边路径。

第 6 章

文字工具

本章工作任务

Microsoft Word 是专门针对文字的排版工具，在图像中也经常接触文字。通过本章对文字工具及其操作的学习，能熟练掌握点文字及段落文字的输入，并可以通过转换为路径文字与变形文字，设计出独特的文字。

本章技能目标

- 掌握文字工具的使用方法
- 掌握路径文字与变形文字的制作
- 掌握段落版式的设置方法

本章简介

界面设计中，文字和图片是最基本的页面构成元素，不可或缺。在视觉上，图像往往对观众比较具有吸引力，但文字却能更直观地传达信息，二者的作用相辅相成，图文并茂，视觉冲击更为强烈。本章将学习 Photoshop 中文字工具的应用。

预习作业

（1）创建文字有几种方式？

（2）怎么将文字转换为形状 / 路径？

（3）文字怎么变形？

（4）总结本章中的相关快捷方式。

6.1 使用文字工具（T）制作杂志封面

➢ 素材准备

“背景.jpg”如图 6.1 所示。

➢ 完成效果

添加文字后，效果如图 6.2 所示。

图 6.1 背景.jpg

图 6.2 效果图

➢ 案例分析

在平面设计时，经常会进行文字的排版等工作。要达到如图 6.2 所示效果，需要学习文字工具的使用方法，相关理论讲解如下。

6.1.1 认识文字工具

文字工具包括横排文字工具和直排文字工具两种文字工具，以及横排文字蒙版和直排文字蒙版两种文字蒙版工具。

1. 文字工具组

横排文字工具的选项栏与直排文字工具一样，下面以横排文字工具为例来讲解文字工具的参数选项，如图 6.3 所示。

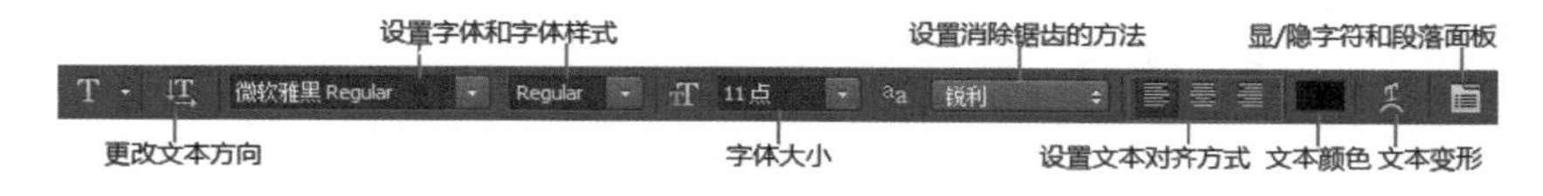

图 6.3 “文字工具”选项栏

2. 文字蒙版工具

使用文字蒙版工具输入文字后，文字将以选区的形式出现。

6.1.2 创建文字工具

在 Photoshop 中可以创建多种类型的文字。例如，点文字、段落文字、路径文字和变形文字。

1. 点文字

点文字是一个水平或垂直的文本，每行文字都是独立的。行的长度随文字的输入而不断增加，不会自动换行。点文字主要用于输入少量的文字，如标题等，如图 6.4 所示。

执行“文字 > 转化为段落文本”命令，可以将点文本转换为段落文本。

2. 段落文字

段落文字具有自动换行、可调整文字区域大小等优势，常用在大量的文本排版中，如海报、画册等，如图 6.5 所示。

图 6.4 点文字

图 6.5 段落文字

执行“文字 > 转化为点文本”命令，可以将点文本转换为段落文本。

创建段落文本后，可以根据实际需求来调整文本框的大小，文字会自动在调整后的文本框内重新排列。

3. 路径文字

路径文字常用于创建走向不规则的文字行，在 Photoshop 中制作路径文字需要先绘制路径，然后将文字工具指定到路径上，创建的文字会沿着路径排列。改变路径形状时，文字的排列方式也会随之发生改变，如图 6.6 所示。

4. 变形文字

在 Photoshop 中，文字对象可以进行一系列内置的变形效果，通过这些变形操作可以在不栅格化文字图层的状态下制作多种变形文字，如图 6.7 所示。

图 6.6　路径文字

图 6.7　变形文字

输入文字后，在文字工具的选项中单击“创建文字变形”按钮，在弹出的“变形文字”对话框中可以选择变形文字的样式，可以通过设置弯曲和扭曲的数值来调整变形的效果，如图 6.8 所示。

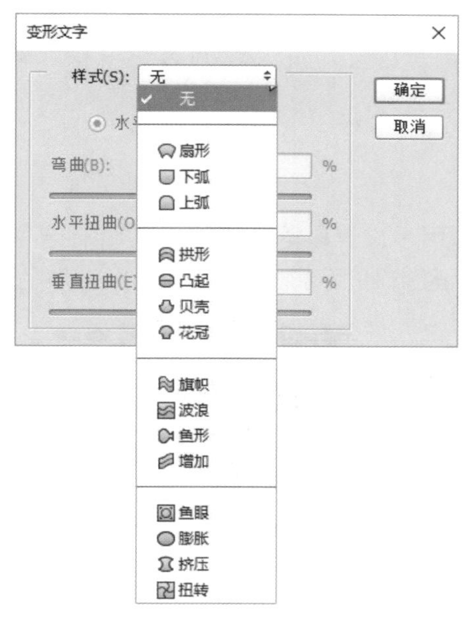

图 6.8　“变形文字”对话框

6.1.3　“字符”与“段落”面板

在文字工具的选项栏中，可以快捷地对文本的部分属性进行修改。如果要对文本进行更多的设置，就要使用到“字符”面板和“段落”面板。

1.“字符”面板

➢ “字符”面板提供了比文字工具选项栏更多的调整选项，包括常见的字体系列、字体样式、字体样式、文字颜色和消除锯齿等设置，还包括如行距、字距等常见设置，如图 6.9 所示。需要说明的是，基线偏移用于设置文字与文字基线之间的距离。

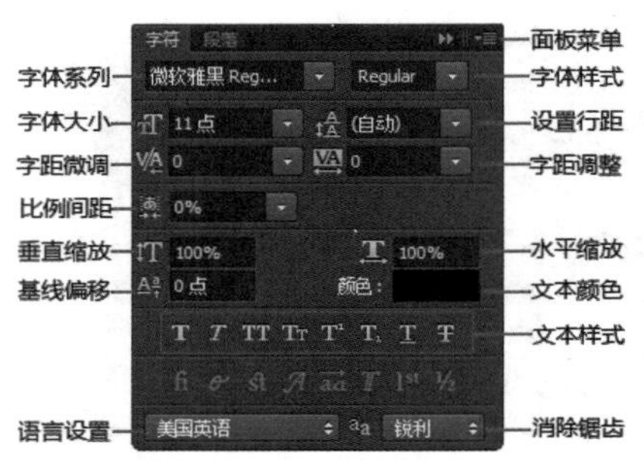

图 6.9 “字符”面板

小技巧

如何为 Photoshop 添加其他字体？

当遇到没有自动安装程序的字体文件时，执行“开始 > 设置 > 控制面板”命令，在“控制面板”窗口中搜索字体，打开字体文件夹，接着将其他需要的字体复制进去即可。重启 Photoshop 就可以在选项栏中的字体系列中查找到安装的字体。

2.“段落”面板

“段落”面板提供了用于设置段落编排格式的所有选项，如设置段落文本对齐方式和缩进量等参数，如图 6.10 所示。

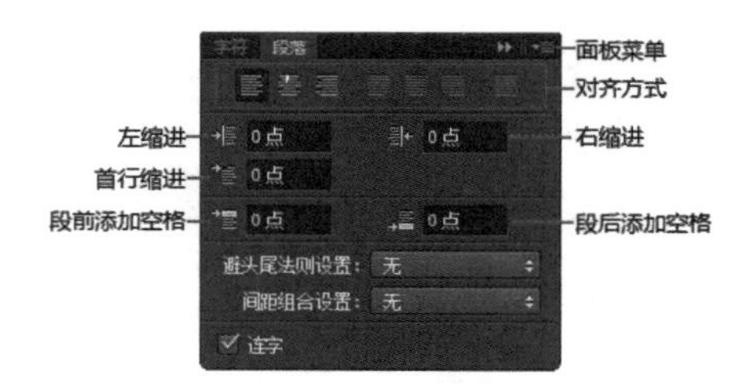

图 6.10 “段落”面板

6.1.4 实现案例——使用文字工具制作杂志封面

➢ 素材准备

“背景 .jpg”如图 6.1 所示。

➢ 完成效果

添加文字后，效果如图 6.2 所示。

➢ 思路分析

★ 根据背景，添加需要的文字，并调整文字颜色及大小。

★ 文字排版。

➢ 实现步骤

（1）打开背景素材文件。

（2）载入 Logo 素材和二维码素材，调整其大小，并放置到合适的位置，如图 6.11 所示。

图 6.11　载入 Logo 和二维码

（3）选择横排文字工具T，在其选项栏中设置合适的字体（如微软雅黑），字号大小为 120 点，消除锯齿方式为“锐利”，字体颜色为深红色（如 #a02222），如图 6.12 所示。

图 6.12　设置字体

（4）在画布中单击设置插入点，如图 6.13 所示，然后输入文字，接着按 Enter 键确定操作，如图 6.14 所示。

图 6.13　设置插入点

图 6.14　输入文字

（5）如果要在输入文字时移动文字的位置，可以将光标放置在非编辑区域，当鼠标变成可移动状态时，拖曳鼠标即可，如图 6.15 所示。

（6）同理，输入其他文字，最终效果如图 6.16 所示。完成后保存文件。

图 6.15　移动编辑中的文字

图 6.16　最终效果

6.2　转换文字为形状制作“可口可乐”

➢　素材准备

“可口可乐 .psd”如图 6.17 所示。

➢　完成效果

文字调整后，效果如图 6.18 所示。

图 6.17　可口可乐 .psd

图 6.18　完成效果

➢　案例分析

要得到如图 6.18 所示的效果图，需要将“可口可乐”转换为形状，再用钢笔、选择等工具进行变形操作。

6.2.1　转换为普通图层

Photoshop 中的文字图层不能直接应用滤镜或进行涂抹绘制等操作。若要对文本使用这些滤镜或变换，就需要将其转换为普通图层，使矢量文字对象变成像素图像。

在“图层”面板中选中文字图层，然后在图层上右击，在弹出的快捷菜单中选择“栅格化文字”命令，即可将文字图层转换为普通图层，如图 6.19 所示。

图 6.19　文字转化为普通图层

6.2.2　转换为形状图层

选中文字图层，然后在图层名称上右击，在弹出的快捷菜单中选择“转换为形状”命令，将文字图层转换为带有矢量蒙版的形状图层。需要注意的是，选择“转换为形状”命令后，不会保留文字图层，如图 6.20 所示。

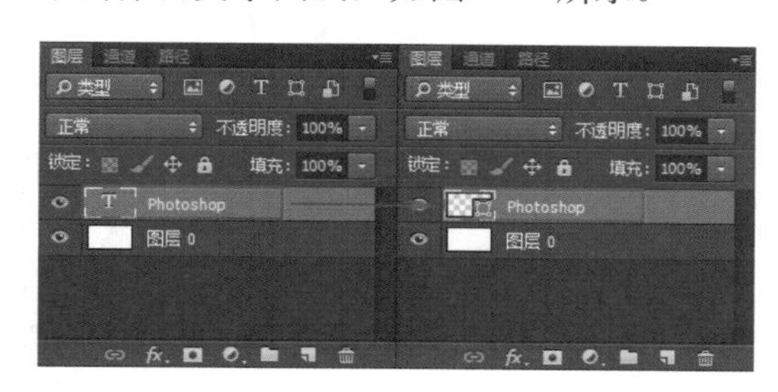

图 6.20　文字转换为形状工具

6.2.3　转换为工作路径

选中文字图层，然后执行“文字 > 创建工作路径”命令，将文字的轮廓转换为工作路径，如图 6.21 所示。文字转换为路径之后，单击工具箱中的直接选择工具或者钢笔工具可以进行文字路径的编辑修改。

图 6.21　文字转换为工作路径

6.2.4 实现案例——转换文字为形状制作“可口可乐”

➢ 素材准备

“可口可乐 .psd”如图 6.17 所示。

➢ 完成效果

文字调整后，效果如图 6.18 所示。

➢ 思路分析

★ 将文字转化为形状。

★ 使用选择工具调整锚点位置、调整锚点手柄，复制形状。

★ 使用钢笔工具删除或增加锚点、平滑点与角点转化。

➢ 实现步骤

（1）打开“可口可乐 .psd”素材文件。

（2）在“图层”面板中选中文字图层并右击，在弹出的快捷菜单中选择“转换为形状”命令，如图 6.22 所示。效果如图 6.23 所示。

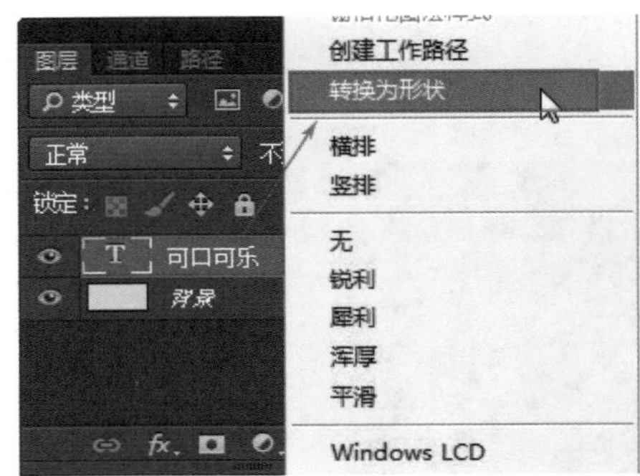

图 6.22 “转换为形状”命令

图 6.23 转换为形状

（3）使用路径选择工具，选中“口”字和“乐”字，按 Delete 键进行删除，如图 6.24 所示。

（4）按 Ctrl+T 快捷键，使文字进入自由变换状态，按住 Ctrl+Alt 快捷键，使文字进行斜切操作，如图 6.25 所示。

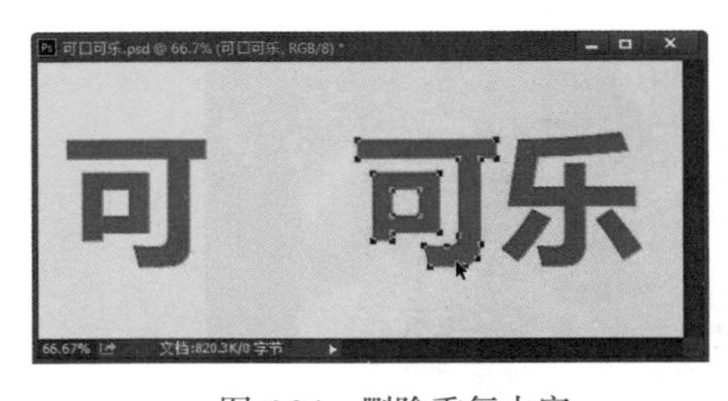

图 6.24 删除重复内容

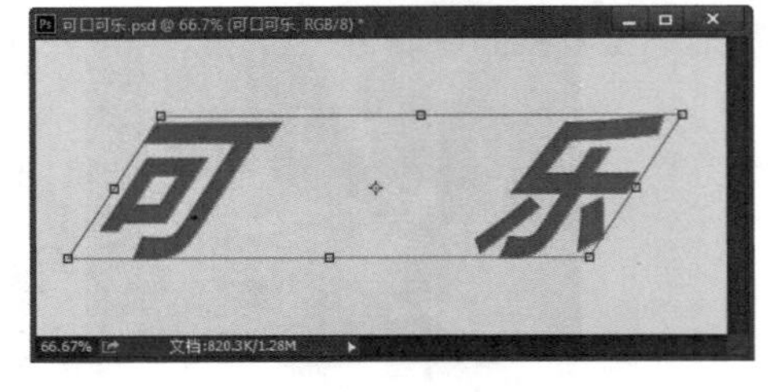

图 6.25 使文字倾斜

（5）使用直接选择工具移动锚点位置和调整控制手柄，如图 6.26 和图 6.27 所示；使用钢笔工具删除和添加锚点，如图 6.28 和图 6.29 所示。

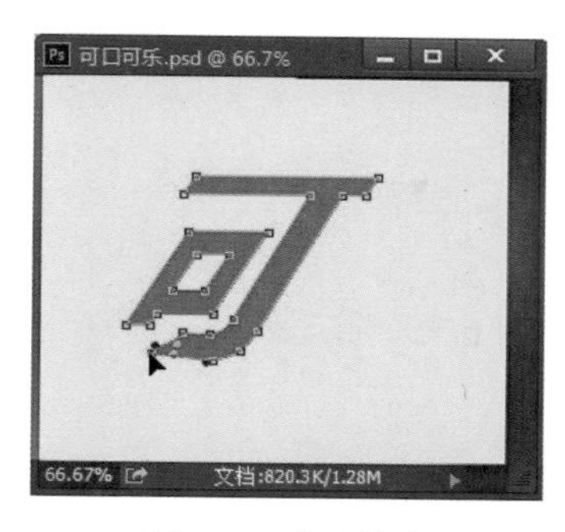

图 6.26　移动锚点

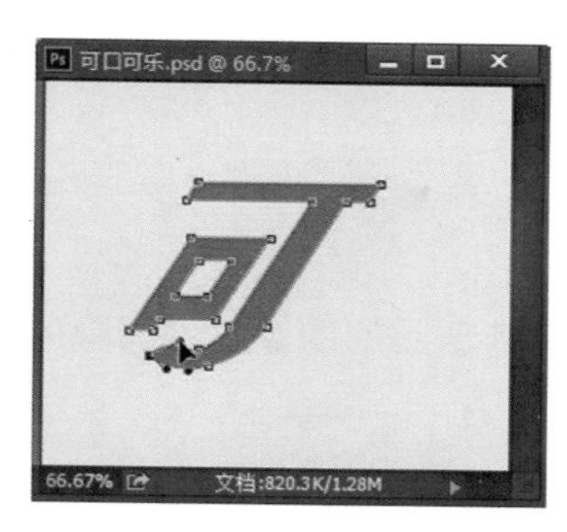

图 6.27　调整手柄

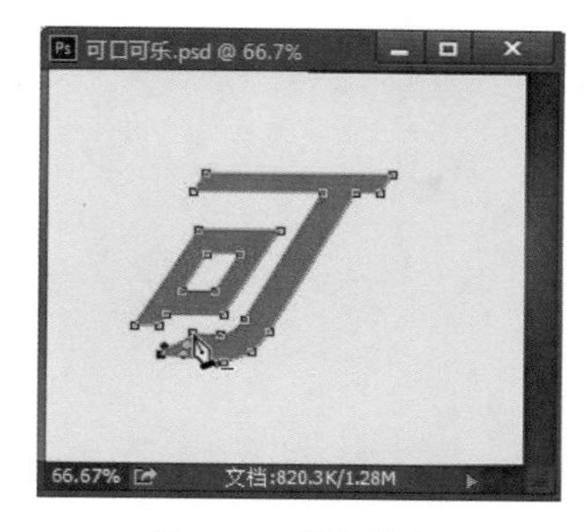

图 6.28　删除锚点

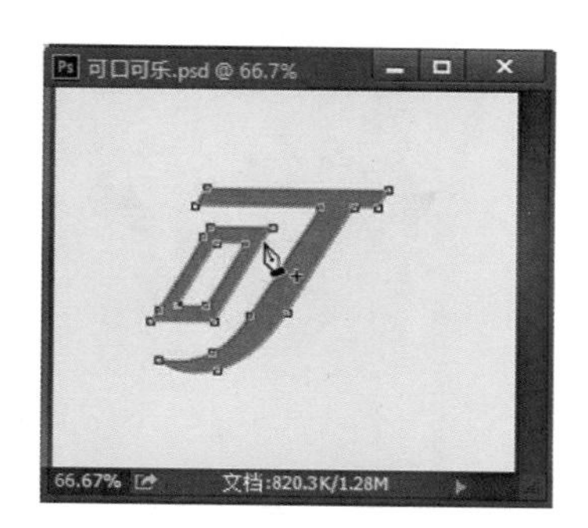

图 6.29　添加锚点

（6）调整完的图形如图 6.30 所示。

（7）切换为选择工具，复制“口”字形状和“可”字形状，并调整大小和位置，得到如图 6.31 所示的图形。

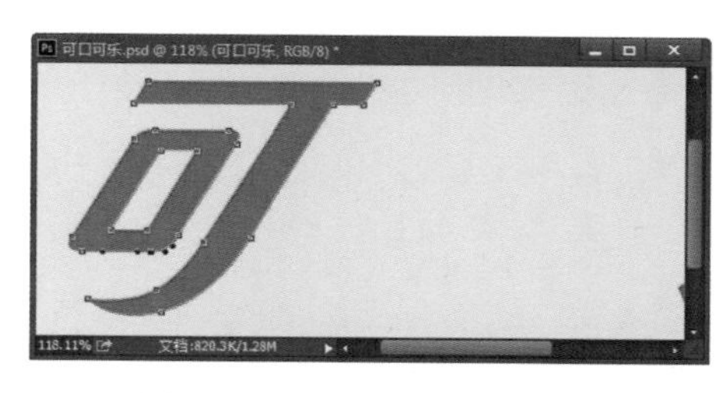

图 6.30　“可”字完成效果图

图 6.31　复制“口”字和“可”字

（8）用同样的操作，完成“乐”字的制作，效果如图 6.32 所示。

（9）使用钢笔工具，将“彩带”的部分完成，最终效果如图 6.33 所示。完成后注意要保存文件。

图 6.32　完成效果

图 6.33　最终效果

技能训练

实战案例 1：为画题词

➢ 需求描述

在如图 6.34 所示的图像上添加诗词，如图 6.35 所示。

图 6.34　背景素材

图 6.35　效果

➢ 技术要点

★　字体的安装。

★　直排文字工具 IT 的使用。

➢ 实现思路

根据理论课讲解的技能知识，完成如图 6.35 所示的效果，应从以下两点予以考虑。

★　安装所需要的字体。

★　输入相应的文本。

实战案例 2：转化文字形状制作“时间”

➢ 需求描述

添加“时间”文字，通过将文字转换为形状，制作如图 6.36 所示的效果。

图 6.36 “时间”效果

➢ 技术要点

★ 将字体转换为形状。

★ 钢笔工具 / 形状工具组的使用。

★ 直接选择工具的使用。

➢ 实现思路

根据理论课讲解的技能知识，制作如图 6.36 所示的效果图，应从以下 3 点予以考虑。

★ 将文字转换为形状。

★ 使用选择工具调整锚点位置、锚点手柄。

★ 使用钢笔工具删除或增加锚点、平滑点与角点转化。

本章总结

➢ 选择文字工具，输入文字创建点文本；拖曳鼠标创建一个定界框，输入文字创建段落文本。

➢ 选择横排文字蒙版工具创建横排文字型选区，选择直排文字蒙版工具创建竖排文字型选区。使用文字蒙版工具创建文字型选区后，不会产生新的文字图层，不具有文字的属性。

➢ “字符”面板提供用于设置字符格式的选项。通过该面板，可以对文字的字体、大小、字距、颜色和字体样式等基本属性进行设置。“段落”面板提供了用于设置段落编排格式的选项。通过该面板，可以设置段落文本的对齐方式和缩进量等参数。

➢ 文字图层作为特殊的矢量对象，不能像普通图层一样进行编辑。通过将文字图层转换为普通图层、形状或者路径，就可以对文字进行更多的操作。

第 7 章

图层与蒙版

本章简介

在制作一幅图时，经常要用到图层。

图层是 Photoshop 中非常强大的功能，可以这样说，如果没有图层，将很难甚至不可能完成复杂图像的制作。

除了图层，还有另外一个神奇的工具——蒙版。蒙版可以辅助图层完成很多神奇的视觉效果。

本章将重点讲解图层和蒙版的概念及应用。

本章工作任务

相比于传统画的“单一平面操作”模式而言，Photoshop 采用“多图层”模式数字制图。在 Photoshop 中，蒙版是图像合成的必备工具，通过本章的学习，可对图层进行详细了解，通过对图层的堆叠与混合，结合蒙版非破坏性的编辑，可以制作出多种多样的效果。

本章技能目标

- 掌握图层样式的使用方法。
- 掌握图层混合模式的使用方法。
- 掌握剪贴蒙版的使用方法。
- 掌握图层蒙版的使用方法。

预习作业

（1）图层的对齐和分布有什么区别？分别有几种？

（2）图层样式有哪些？混合模式有哪些？有什么特点？

（3）什么是蒙版？有什么特点？

（4）总结本章中的相关快捷方式。

7.1 应用图层样式制作按钮

➢ 完成效果

完成效果如图 7.1 所示。

➢ 案例分析

制作如图 7.1 所示的效果图，主要分为两个部分，一是文字的制作，二是按钮的制作，而且文字衬于按钮上层。要实现该效果，需要运用到图层样式的相关知识，并保持图层的相对层级关系，理论知识讲解如下。

图 7.1 按钮完成效果

7.1.1 图层简介

在 Photoshop 中，通过图层的堆叠与混合，可以制作出多种多样的效果，用图层来实现效果是一种直接而又简单的方法。图层的主要作用是：可以单独处理该图层中的对象而不影响其他图层中的对象。

图层可以比作透明的像素薄片，除了“背景”层外，其他图层可以按任意顺序堆叠，以便单独处理图层上的对象，而不影响其他图层。

图层通常分为“背景”图层、普通图层、文字图层、蒙版图层、矢量蒙版图层、形状图层、填充 / 调整图层。

1.“背景”图层

新建文档后，会自动生成一个图层，该图层就是“背景”图层，如图 7.2 所示。

一幅图像只能有一个“背景”图层，“背景”图层的堆叠顺序、混合模式和不透明度无法更改。

将“背景”图层转换为普通图层的方法很简单，双击“图层”面板中的“背景”图层，弹出“新建图层”对话框，如图 7.3 所示。默认名称为“图层 0”，单击“确定”按钮，“背景”图层就转换成了普通图层。

图 7.2 “背景”图层

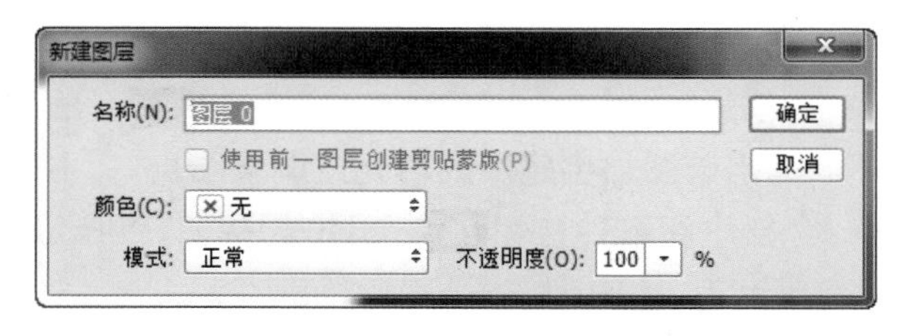

图 7.3 “新建图层”对话框

2.“图层”面板

“图层”面板是查看与编辑图层的主要工具，使用它可以随意看到文件里的所有图层。只需在“图层”面板中单击相应按钮，就可以完成创建新图层、创建图层组或删除图层等操作。下面将详细介绍“图层”面板。

选择菜单“窗口 > 图层”（F7），打开“图层”面板，如图 7.4 所示。

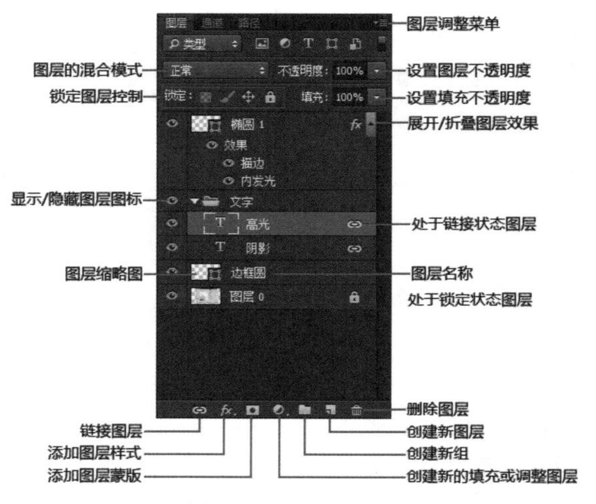

图 7.4 “图层”面板

- 混合模式：可以为当前图层设置不同的混合模式。
- 不透明度：用来控制当前图层的透明属性，数值越小，则当前图层越透明。
- “图层调整菜单”按钮 ：单击此按钮可以打开“图层”调整菜单，常用的命令有“新建图层”“复制图层”“删除图层”等。
- 锁定图层控制：在此可以控制图层的“透明区域可编辑性”“编辑”“移动”等图层属性。
- 填充：可以控制当前图层中非图层样式部分的透明度。
- 显示 / 隐藏图层图标：单击此按钮可以控制图层的显示与隐藏。
- 图层缩略图：此处显示了当前图层中所具有的图像的缩略图，方便选择图层。
- “链接图层”按钮 ：选择两个或两个以上图层时，单击此按钮可以将所选图层进行链接。
- “添加图层样式”按钮 ：单击此按钮，可以在弹出的菜单中选择“图层样式”命令，为当前图层添加图层样式。
- “添加图层蒙版”按钮 ：单击此按钮，可以为当前图层添加图层蒙版。
- “创建新的填充或调整图层”按钮 ：单击此按钮，可以在弹出的菜单中为当前图层创建新的填充或调整图层。
- “创建新组”按钮 ：单击此按钮，可以新建一个图层组。图层组可以用来包含相关图层。
- “创建新图层”按钮 ：单击此按钮，可以创建一个新图层。

➢ “删除图层”按钮：选择当前需要删除的图层 / 图层组，单击此按钮，在弹出的提示对话框中单击“是”按钮，即可删除；也可以直接使用 Delete 键删除选中的图层。

小技巧

图层操作的技巧如下。

(1) 图层分组（Ctrl+G）。将图层分门别类地放在不同的图层组中进行管理，会更加有条理，寻找起来也更加方便快捷。右击或按组合键 Shift+Ctrl+G 可取消分组。

(2) 图层的合并（Ctrl+E）。合并后，图层使用上面图层的名称；合并可见图层组合键为 Shift+Ctrl+E；向下盖印图层 / 盖印多个图层组合键为 Ctrl+Alt+E；盖印可见图层 / 图层组组合键为 Shift+Ctrl+Alt+E。

(3) 图层的堆叠顺序：正常模式下，上一层的内容会遮住下一层的内容。调整图层顺序的方式有鼠标拖曳要调整的图层；上移一层（Ctrl+]）；下移一层（Ctrl+[）；上移至顶层（Ctrl+Shift+]）；下移至底层（Ctrl+Shift+[）。

7.1.2　图层的对齐与分布

在制作规范的图像时，往往会用到图层的对齐与分布；即以每个图层为单位，将其看成一个整体，然后进行对齐排列与平均分布。

选择移动工具，对齐图层需要选择两个或两个以上需要对齐的图层，分布图层需要 3 个或者 3 个以上的需要分布的图层。根据需求单击移动工具选项栏的对齐与分布按钮，如图 7.5 所示。

图 7.5　对齐与分布按钮

对齐按钮从左到右依次是：顶对齐、垂直居中对齐、底对齐、左对齐、水平居中对齐、右对齐。

分布按钮从左到右依次是：按顶分布、垂直居中分布、按底分布、按左分布、水平居中分布、按右分布。

下面演示常用的效果。

(1) 原始状态如图 7.6 所示。

(2) 首先选中所有图层，方法是在“图层”面板中按住 Ctrl 键，依次单击想要选择的图层。

(3) 也可以按住 Shift 键，先单击“紫”图层，再单击“红”图层，这样，在“紫”和“红”图层之间的图层（包括这两个图层）都会被选中，如图 7.7 所示。

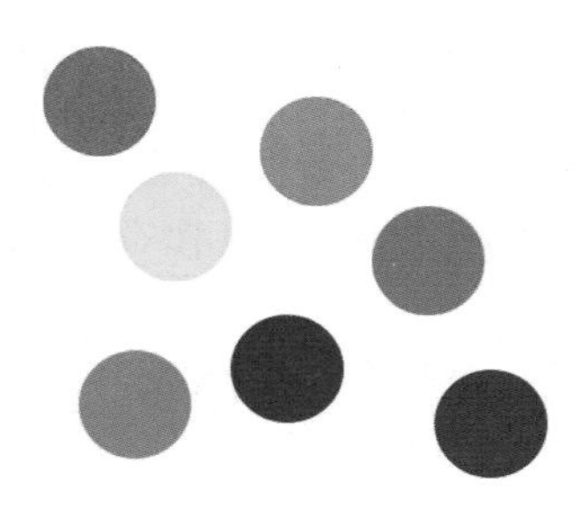

图 7.6　原始状态　　　　图 7.7　图层连续多选

图 7.8 ～图 7.13 分别为顶对齐、垂直居中对齐、底对齐、左对齐、水平居中对齐、右对齐的效果图。

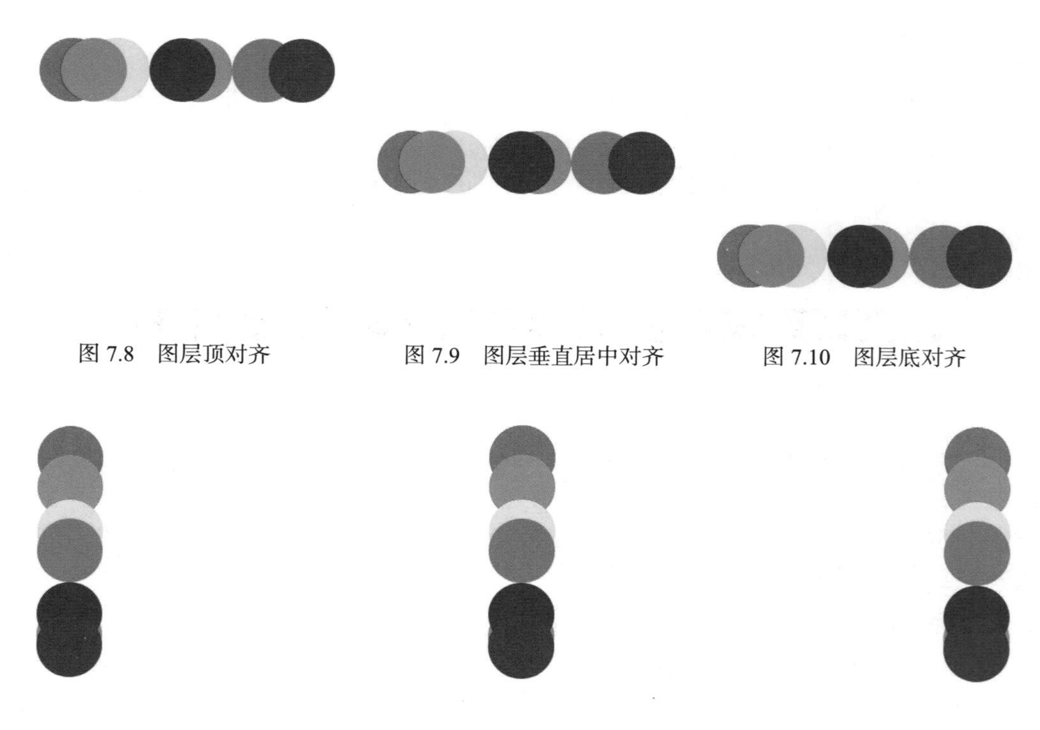

图 7.8　图层顶对齐　　　　图 7.9　图层垂直居中对齐　　　　图 7.10　图层底对齐

图 7.11　图层左对齐　　　　图 7.12　图层水平居中对齐　　　　图 7.13　图层右对齐

如图 7.14 所示为按顶分布、垂直居中分布、按底分布的效果；如图 7.15 所示为按左分布、水平居中分布、按右分布的效果。

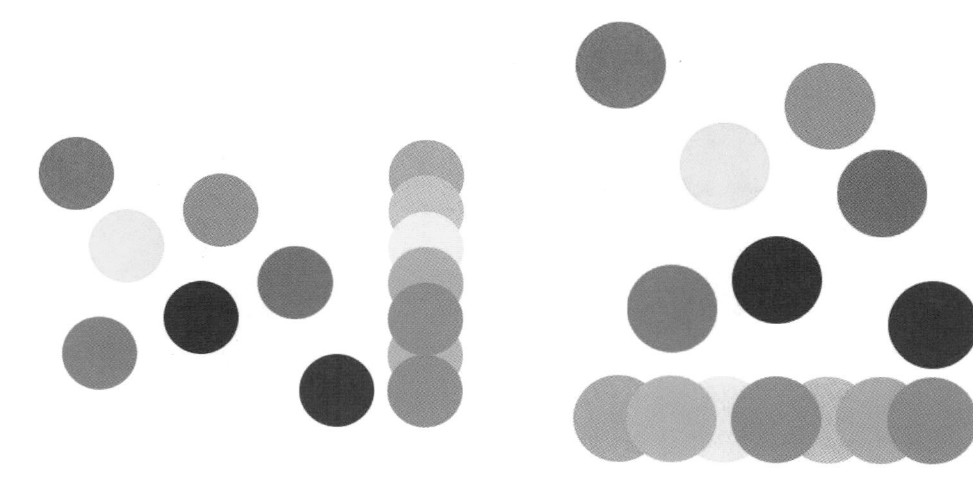

图 7.14　垂直分布　　　　图 7.15　水平分布

7.1.3　图层样式

对创建的任何对象应用效果都会增强图像的外观。因此，Photoshop 提供了图层样式功能，有助于为特定图层上的对象应用效果。

应用图层样式的方法十分简单，常用的方法是选择图层，然后单击“图层”调板下方的“添加图层样式”按钮，进行相应的样式选择。或者直接双击图层，弹出“图层样式”对话框，如图 7.16 所示。

单击需要的样式，标有“ √ ”便激活了该样式的效果，应用不同的图层样式后，效果如图 7.17 所示。

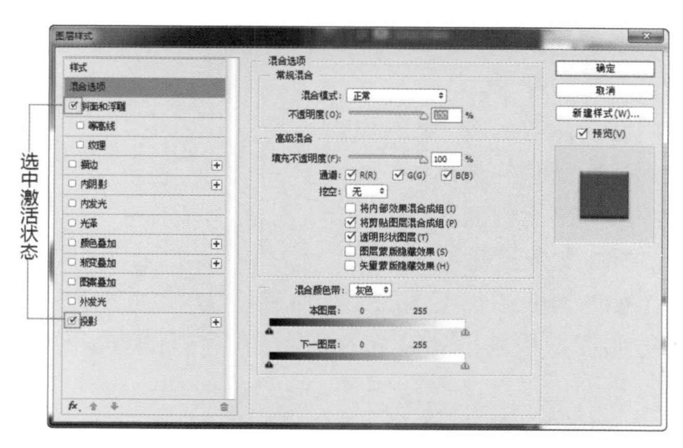

图 7.16　“图层样式”对话框

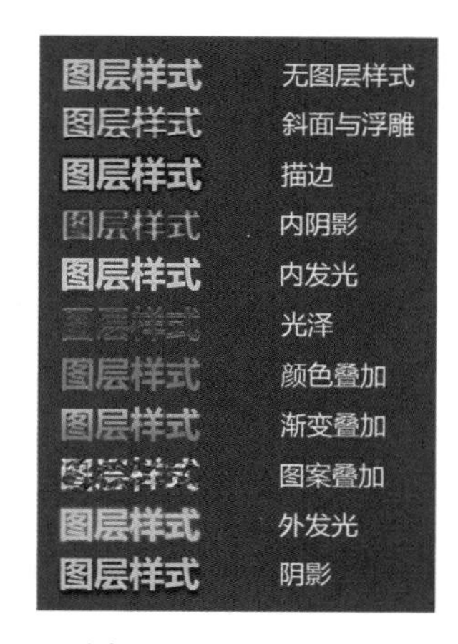

图 7.17　图层样式效果

在 Photoshop CC 中包含了“斜面和浮雕”“描边”“内阴影”“内发光”“光泽”“颜色叠加”“渐变叠加”“图案叠加”“外发光”“投影”10 种图层样式。基本包括了“阴影”“发光”“突出”“描边”等属性。除此之外，多种图层样式共同使用还可以制作出更加丰富的奇特效果。

1. 斜面和浮雕

“斜面和浮雕”样式可以为图层添加高光与阴影，使图像产生立体的浮雕效果，常用于立体字体的模拟。

（1）设置“斜面和浮雕”效果，如图 7-18 所示。

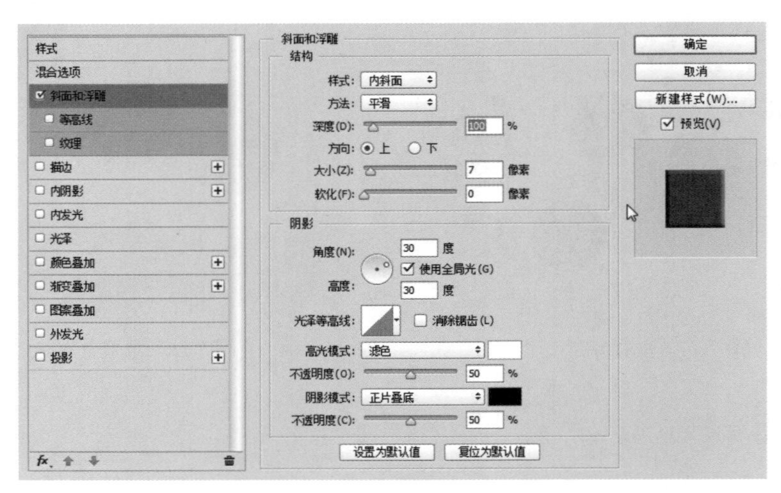

图 7.18　斜面和浮雕设置

- 样式：选择斜面和浮雕的样式。选择“外斜面”选项，可以在外侧边缘创建斜面；选择“内斜面”选项，可以在内侧边缘创建斜面；选择“浮雕效果”选项，使其相对于下层图层产生浮雕状效果；选择“枕状浮雕”选项，可以模拟图层内容的边缘嵌入到下层图层中的效果；选择“描边浮雕”选项，配合“描边”图层样式使用，如果没有“描边”图层样式，则不会产生效果，可以将浮雕应用于图层的“描边”样式的边界。
- 方法：用来选择创建浮雕的方法，包括“平滑”“雕刻清晰”“雕刻柔和”。
- 深度：用来设置浮雕斜面的应用深度。
- 方向：用来设置高光与阴影的位置。
- 大小：表示斜面和浮雕的阴影面积的大小。
- 软化：用来设置斜面和浮雕的平滑程度。
- 角度 / 高度：用来设置光源的发光角度和高度。
- 光泽等高线：为斜面和浮雕的表面添加不同的光泽质感。
- 高光（阴影）模式 / 不透明度：用来设置高光（阴影）的混合模式和不透明度。

（2）设置等高线。使用等高线可以在浮雕中创建凹凸起伏的效果。

（3）设置纹理。可以选择一个图案应用在斜面和浮雕上。

2. 描边

“描边”样式可以使用颜色、渐变以及图案来描绘图像的轮廓边缘。

3. 内阴影

“内阴影”样式可以在紧靠图层内容的边缘内添加阴影，使图层产生凹陷的效果。需要说明的是，“距离”用来设置内阴影偏移图层内容的距离；“大小”用来设置投影的模糊范围；“阻塞”用来设置内阴影的范围。

4. 内发光

“内发光”样式可以沿图层内容边缘向内创建发光效果，也会使对象出现些许“凸起感”。需要说明的是，“源”选项用来控制光源的位置；“阻塞”选项用来在模糊之前收缩内发光的杂边边界。

5. 光泽

“光泽”样式可以为图像添加光滑的、具有光泽的内部阴影，通常用来制作具有光泽质感的按钮和金属。

6. 颜色叠加

“颜色叠加”样式可以在图像上叠加设置的颜色，并且可以通过模式的修改调整图像与颜色的混合效果。

7. 渐变叠加

“渐变叠加”样式可以在图层上叠加指定的渐变色，渐变叠加不仅能够制作带有多种颜色的对象，更能够通过巧妙的渐变颜色设置制作出凸起、凹陷等三维效果以及带有反光的质感效果。

8. 图案叠加

“图案叠加”样式可以在图像上叠加图案，与“颜色叠加”“渐变叠加”相同，也可以通过混合模式来设置，使“图案”与原图像进行混合。

9. 外发光

“外发光”样式可以沿图层内容的边缘向外创建发光效果，可用于制作自发光效果以及人像或者其他对象的梦幻般的光晕效果。

10. 阴影

“阴影”样式可以为图层模拟出向后的投影效果，来增强某部分层次感以及立方感，平面设计中常用于需要凸显的文字中。

7.1.4 实现案例——应用图层样式制作按钮

➢ 完成效果

完成效果如图 7.1 所示。

➢ 思路分析

★ 制作按钮效果。

★ 制作文字效果。

★ 如果有需要，调整图层顺序。

➢ 实现步骤

步骤 1：制作按钮效果。

（1）新建文件（参考尺寸：400×200 像素），并填充背景颜色。

（2）选择圆角矩形工具，新建圆角矩形（参考尺寸：300×80 像素；圆角（r）：20 像素）；

（3）双击该图层空白处，打开图层样式面板，设置相关数据参数，如图 7.19 所示，效果如图 7.20 所示。

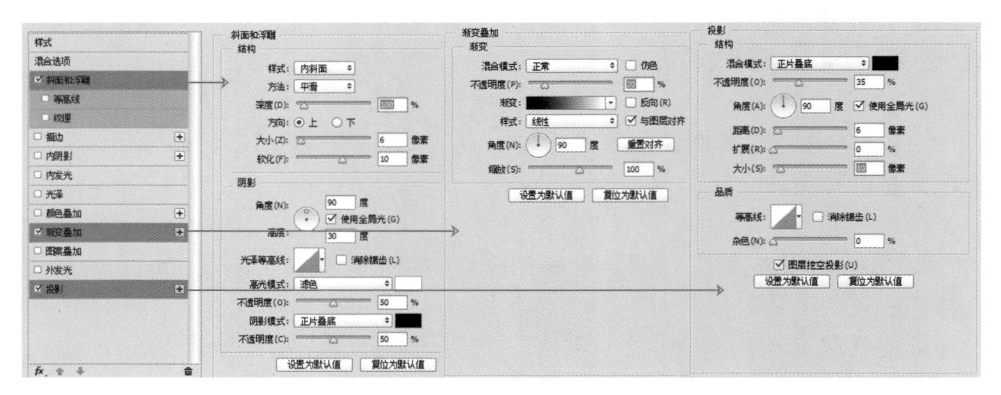

图 7.19　按钮参数设置

图 7.20　按钮效果

步骤 2：制作文字效果。

（1）选择文字工具，新建文字“Photoshop”（60 点；华文琥珀字体）。

（2）双击该图层空白处，打开图层样式面板，设置相关数据参数，如图 7.21 所示。

（3）最终效果如图 7.22 所示。完成后保存文件。

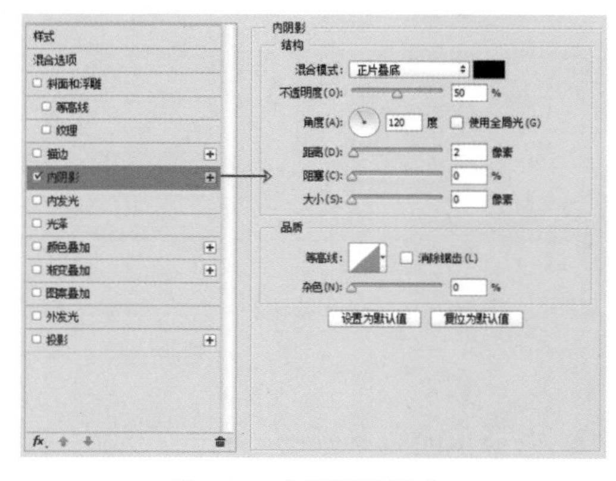

图 7.21　文字图层样式

图 7.22　最终效果

7.2 应用图层的混合模式制作星空背景图

➢ 素材准备

"美女换装.jpg"如图 7.23 所示。

➢ 完成效果

完成效果如图 7.24 所示。

图 7.23 美女换装.jpg

图 7.24 完成效果

➢ 案例分析

图中美女的衣服是红色的，需要给美女换一件金色的衣服，如图 7.24 所示。想要达到自然的效果，需要用到图层混合模式。

7.2.1 混合模式的类型

图层的混合模式是指一个层与其下方图层的色彩叠加的方式。通常情况下，新建图层的混合模式为"正常"，除此之外，还有很多种混合模式，它们都可以产生迥异的合成效果。

在"图层"面板中选择一个图层，单击面板顶部的混合模式下拉按钮 正常 ，在弹出的下拉列表中可以选择一种混合模式，如图 7.25 所示。

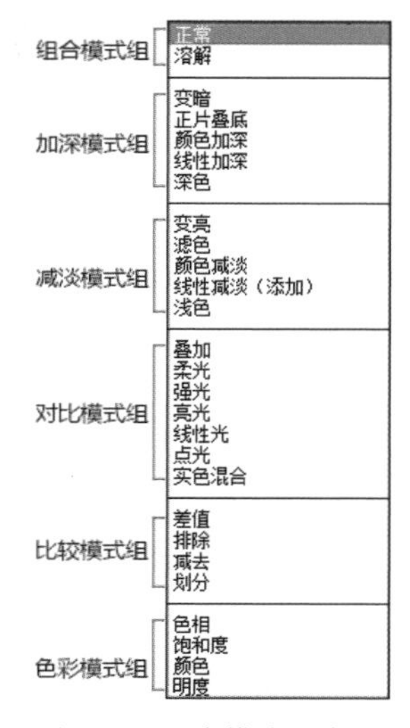

图 7.25 混合模式的类型

1. 组合模式组

该组中的混合模式需要降低图层的不透明度或填充数值才起作用，这两个参数的数值越小，越能看到下面的图像。

2. 加深模式组

该组中的混合模式可以使图像变暗。在混合过程中，当前图层的白色像素会被下层较暗的像素替代。

3. 减淡模式组

该组中的混合模式可以使图像变亮。在混合过程中，当前图层的黑色像素会被下层较亮的像素替代。

4. 对比模式组

该组中的混合模式可以加强图像的差异。在混合时，50% 的灰色会完全消失，任何亮度值高于 50% 灰色的像素都可能提亮下层图像，相反，低于 50% 灰色的像素则可能使下层图像变暗。

5. 比较模式组

该组中的混合模式可以比较当前图像与下层图像，将相同的区域显示为黑色，不同的区域显示为灰色或者彩色。如果当前图层中包含白色，那么白色区域会使下层图像反相，而黑色不会对下层图像产生影响。

6. 色彩模式组

使用该组混合模式时，Photoshop 会将色彩分为色相、饱和度和亮度 3 种成分，然后再将其中的一种或者两种应用在混合后的图像中。

7.2.2 常用混合模式详解

下面讲解常用图层混合模式及其特点，如图 7.26 所示。

图 7.26 常见混合模式

1. 正常

图层的默认模式，应用这种模式，新的颜色和图案将完全覆盖原始图层，或混合颜色完全覆盖下面的图层。

2. 正片叠底

任何颜色与黑色混合产生黑色，任何颜色与白色混合保持不变。

3. 滤色

与黑色混合时颜色保持不变，与白色混合时产生白色。

4. 叠加

对颜色进行过滤并提亮上层图像，具体取决于底层颜色，同时保留底层图像的明暗对比。

5. 柔光

使图像变暗或变亮，具体取决于当前图像的颜色。如果上层图像比 50% 灰色亮，则图像变亮；反之，变暗。

6. 明度

用底层图像的色相和饱和度与上层图像的亮度组合而成。

7.2.3　实现案例——应用图层混合模式完成“美女换装”

➢ 素材准备

“美女换装 .jpg”如图 7.23 所示。

➢ 完成效果

完成效果如图 7.24 所示。

➢ 思路分析

★ 用选区工具绘制衣服轮廓。

★ 填充颜色。

★ 设置图层混合模式。

➢ 实现步骤

（1）打开“美女换装 .jpg”，新建图层，更改图层名称为“颜色”。

（2）选择多边形套索工具，沿着人物的上衣外轮廓绘制选区，如图 7.27 所示。

（3）设置前景色为 #ffff00，按 Alt+Delete 快捷键填充前景色，如图 7.28 所示。

图 7.27　绘制选区

图 7.28　填充黄色

（4）把图层混合模式由“正常”改为“叠加”，最终效果如图 7.29 所示。完成后保存文件。

图 7.29 最终效果

7.3 使用图层蒙版制作精美卡片

➢ 素材准备

“背景 .jpg”如图 7.30 所示 ;“人像 .jpg”如图 7.31 所示。

➢ 完成效果

完成效果如图 7.32 所示。

图 7.30 背景 .jpg

图 7.31 人像 .jpg

图 7.32 完成效果

➢ 案例分析

背景素材和人像素材合成在一起，并且过渡柔和，如图 7.32 所示。想要达到这样自然的效果，需要用到图层蒙版知识，理论讲解如下。

7.3.1 图层蒙版简介

在 Photoshop 中，蒙版的作用主要用于图像合成，它可以遮住部分图像，并且可以避免因为使用橡皮擦或者剪切、删除等造成的失误操作，是一种对图像编辑非破坏性的操作。

图层蒙版通过蒙版中的灰度信息来控制图像的显示区域。通过使用画笔工具、填充命令等处理蒙版的黑白关系，从而控制图像的显示 / 隐藏。在创建调整图层、填充图层以及为智能对象添加智能滤镜时，Photoshop 会自动为图层添加一个图层蒙版，可以在图层蒙版中对调色范围、填充范围及滤镜应用区域进行调整。图层蒙版遵循“黑透、白不透”的原理。

1. 创建图层蒙版

选择要添加蒙版的图层，然后单击“图层”面板上的“添加图层蒙版”按钮，就可以为当前图层添加一个蒙版。如果当前图像中存在选区，单击“添加图层蒙版”按钮，可以基于当前选区为图像添加图层蒙版，选区以外的图像将被蒙版隐藏。

小技巧

创建选区蒙版后，可以在“属性”面板中设置“浓度”和“羽化”数值，使图像隐藏与显示边缘过渡得更加柔和自然。

2. 删除图层蒙版

选择“停用图层蒙版”即可停用图层蒙版，停用后，可选择“启用图层蒙版”再次启用图层蒙版；选择“删除图层蒙版”命令，即可删除图层蒙版。

7.3.2 实现案例——应用图层蒙版制作精美卡片

➢ 素材准备

“背景 .jpg”如图 7.30 所示，“人像 .jpg”如图 7.31 所示。

➢ 完成效果

完成效果如图 7.32 所示。

➢ 思路分析

★ 导入素材，调整好相对位置。

★ 建立图层蒙版，建立选区并填充。

★ 根据需要，设置图层混合模式。

➢ 实现步骤

（1）打开“背景 .jpg”以及“人像 .jpg”，调整大小比例及位置，如图 7.33 所示。

图 7.33　载入图像

（2）选择“人像”图层，单击“图层”面板上的“添加图层蒙版”按钮，添加图层蒙版。

（3）选择椭圆选框工具，在选项栏设置相应羽化值，如图 7.34 所示。

图 7.34　创建选区

（4）按 Ctrl+Shift+I 组合键选区反选，按 Alt+Delete 快捷键填充前景黑色，如图 7.35 所示。

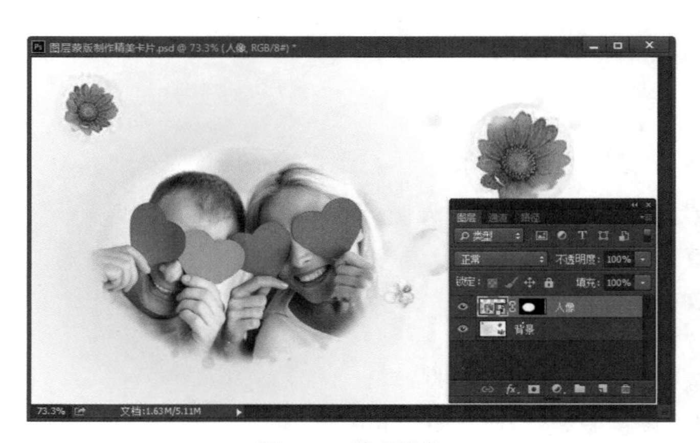

图 7.35　填充黑色

（5）调整“人像”图层的混合模式为“正片叠底”，如图 7.36 所示。完成后保存文件。

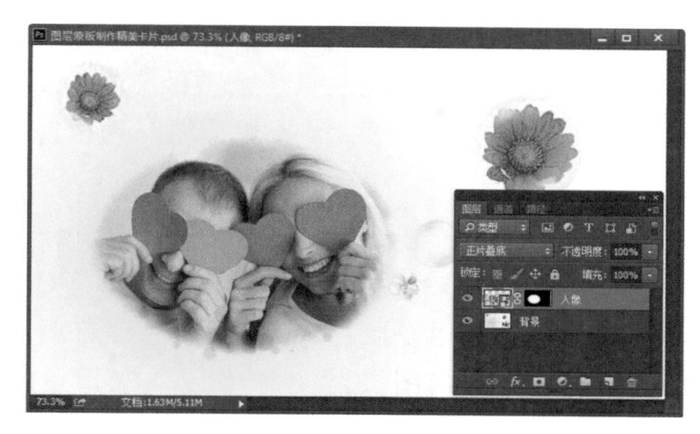

图 7.36　调整混合模式

7.4 使用剪贴蒙版为服装添加花纹

➢ 素材准备

“白裙子 .jpg”和“花纹 .jpg”分别如图 7.37 和图 7.38 所示。

图 7.37　白裙子 .jpg

图 7.38　花纹 .jpg

➢ 完成效果

完成效果如图 7.39 所示。

图 7.39　完成效果

➢ 案例分析

将白裙子上印上花纹，需要将花纹在白裙子上进行裁剪，贴合裙子的形状，如图 7.39 所示。想要达到这样的效果，需要用到剪贴蒙版，理论讲解如下。

7.4.1 剪贴蒙版

剪贴蒙版通过一个对象的形状控制其他图层的显示区域，是由基底图层和内容图层两部分组成。基底图层位于剪贴蒙版最底端，内容图层不仅可以是普通的像素图层，还可以是“调整图层”“形状图层”“填充图层”等，可以存在多个内容图层，但内容图层必须是相邻的图层，如图 7.40 所示。

图 7.40 剪贴蒙版

1. 创建剪贴蒙版

可以在内容图层的名称上右击，在弹出的快捷菜单中选择“创建剪贴蒙版”命令；也可以在按住 Alt 键的同时，将光标置于内容图层和基底图层之间的隔线上，待光标变成剪贴蒙版形状时，单击即可。

释放剪贴蒙版的方式和创建剪贴蒙版的方法相似。

2. 编辑剪贴蒙版

剪贴蒙版具有普通图层的属性，如“不透明度”“混合模式”“图层样式”等。当基底图层的“不透明度”“混合模式”等调整时，整个剪贴蒙版中的所有图层都会以设置不透明度数值以及混合模式进行混合。

7.4.2 实现案例——应用剪贴蒙版为服装添加花纹

➢ 素材准备

“白裙子 .jpg”和“花纹 .jpg”分别如图 7.37 和图 7.38 所示。

➢ 完成效果

完成效果如图 7.39 所示。

➢ 思路分析

★ 用选区工具将白裙子抠出。

★ 使用剪贴蒙版，使花纹图层形状贴合白裙子。

★ 设置图层混合模式，使花纹与白裙子融合。

➢ 实现步骤

（1）打开“白裙子.jpg”，使用快速选择工具将白裙子抠出，命名为“底层”，如图 7.41 所示。

图 7.41　抠出白裙子

（2）载入“花纹.jpg”，将鼠标指针放置到“底层”与“花纹”图层之间，配合快捷键 Alt，建立剪贴蒙版，这时，花纹只在白裙子区域显示，如图 7.42 所示。

图 7.42　建立剪贴蒙版

（3）修改“花纹”图层混合模式为“正片叠底”，白色隐去，使花纹与白裙子更加融合，效果如图 7.43 所示。

图 7.43　改变图层混合模式

（4）完成后保存文件。

技能训练

实战案例 1：地图图标的制作

➢ 需求描述

应用本章相关知识制作地图图标，实现如图 7.44 所示效果。

➢ 技术要点

★ 图层样式。

★ 矢量图形制作及其运算。

★ 剪贴蒙版。

➢ 实现思路

根据理论课讲解的技能知识，完成如图 7.44 所示的效果，应从以下两点予以考虑。

图 7.44　完成效果

★ 使用形状工具及其运算绘制图形。

★ 使用图层样式添加阴影、浮雕、渐变等效果。

实战案例 2：制作墙体涂鸦

➢ 需求描述

在如图 7.45 所示的墙体背景图上添加并修饰文字，实现如图 7.46 所示的效果。

图 7.45　墙体 .jpg

图 7.46　完成效果

➢ 技术要点

★ 图层的混合模式。

★ 图层样式。

★ 文字工具。

➢ 实现思路

根据理论课讲解的技能知识，完成如图 7.46 所示的效果，应从以下 3 点予以考虑。

★ 添加文字，并更改其样式。

★ 栅格化文字图层并添加蒙版，制作残缺的感觉。

★ 更改图层混合模式。

实战案例 3：

➢ 需求描述

在背景图上应用本章相关知识，实现如图 7.47 所示的效果。

图 7.47 完成效果

➢ 素材准备

“人物 .jpg”和“背景 .jpg”分别如图 7.48 和图 7.49 所示。

图 7.48 人物 .jpg

图 7.49 背景 .jpg

➢ 技术要点

图层蒙版的使用。

➢ 实现思路

根据理论课讲解的技能知识完成如图 7.47 所示的效果，应从以下方面予以考虑。

给背景添加蒙版，则应使用白色画笔“遮盖”；若给人物添加蒙版，应该使用黑色画笔“显现”。

本 章 总 结

- 图层可以比作透明的像素薄片，除了背景层外，其他图层可以按任意顺序堆叠，也可以单独处理图层上的对象，而不影响到其他图层。
- 常见的图层样式有阴影、内阴影、外发光、内发光、斜面和浮雕、颜色叠加、描边等。
- 常见的图层混合模式有正常、溶解、正片叠底、颜色加深、变亮、颜色减淡、叠加等。
- 图层蒙版可以通过改变图层蒙版不同区域的灰度来控制图像对应区域的显示或透明程度，从而实现屏蔽等效果。
- 剪贴蒙版可以使用被定义层的内容来限制剪贴蒙版层图像的显示范围和不透明度。通俗地说，下一层的形状可以决定上一层的显示范围，下一层的不透明度也可以影响上一层的不透明度。

第 8 章

滤镜与通道

本章简介

本章将学习 Photoshop 中常用滤镜与通道的应用。

滤镜是 Photoshop 中功能最丰富、效果最独特的工具之一。它通过不同的运算方式改变图像中的像素数据，达到对图像进行抽象、艺术化的特殊处理效果。在进行图像创作时，恰当使用滤镜，可增强图像的创意和丰富画面效果。

通道是用于存储图像颜色信息和选区信息等不同内容信息的灰度图像。在 Photoshop 中，可以利用通道快捷地创建部分图像的选区，还可以利用通道制作一些特殊的图像效果。

本章工作任务

通过本章的学习，使用滤镜可以制作一些常见的如素描、印象画派等效果，还可以创作出绚丽无比的图像；使用通道可以为人像磨皮，抠取婚纱，制作玻璃杯、毛绒体等图像，还能通过通道校正图像的色彩。

本章技能目标

- 掌握智能滤镜的使用方法。
- 了解各个滤镜组的功能与特点。
- 掌握通道的基本操作方法。
- 掌握通道磨皮、抠图的操作方法。

预习作业

（1）特殊滤镜有哪些？特殊滤镜组有哪些？其特点各是什么？

（2）什么是通道？通道分为几种？

（3）通道磨皮的流程是什么？

（4）总结本章中的相关快捷方式。

8.1 使用滤镜制作下雨效果

➢ 素材准备

“阴天 .jpg”如图 8.1 所示。

图 8.1 阴天 .jpg

➢ 完成效果

完成效果如图 8.2 所示。

图 8.2 完成效果

➢ 案例分析

制作如图 8.2 所示的下雨效果，需要在背景的基础上添加“雨”。要实现该效果，需要添加一些“雨”的杂色，并将“雨”按照一定的角度倾斜、模糊等。这就需要学习滤镜的用法，滤镜中包括了“模糊”“像素化”“添加杂色”等滤镜组。下面就相关理论进行讲解。

8.1.1 初识滤镜

Photoshop 提供的内置滤镜通常显示在“滤镜”菜单中，其中“滤镜库”“自适应广角”“镜头校正”“液化”“油画”“消失点”滤镜属于特殊滤镜；“风格化”“模糊”“扭曲”“锐化”“视频”“像素化”“渲染”“杂色”“其他”属于滤镜组。此外，还有第三方开发的外挂滤镜。

1. 滤镜的使用方法

使用时执行“滤镜 > 滤镜库”命令或者从“滤镜”菜单中选择需要的滤镜，然后调整其参数设置即可，如图 8.3 所示。通常情况下，滤镜需要配合通道、图层等一起使用，才能获得最佳的设计效果。

在使用滤镜时，掌握其使用原则和操作技巧，可以大大提高工作效率。

（1）使用滤镜处理图层中的图像时，该图层必须是可见图层。

（2）如果图像中存在选区，则滤镜效果只应用在选区之内；没有选区，则应用于整个图像，如图 8.4 所示。

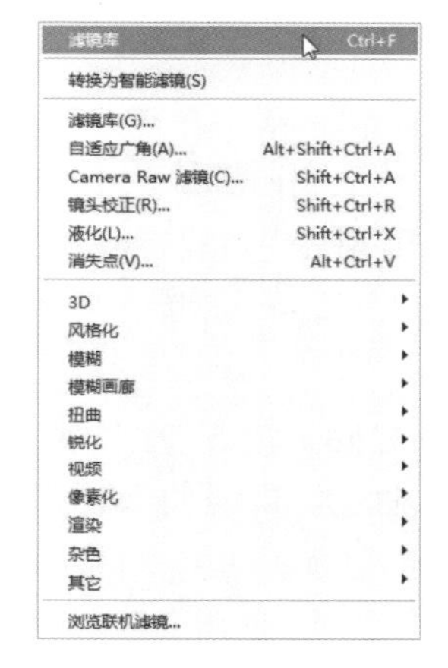

图 8.3 “滤镜”菜单项

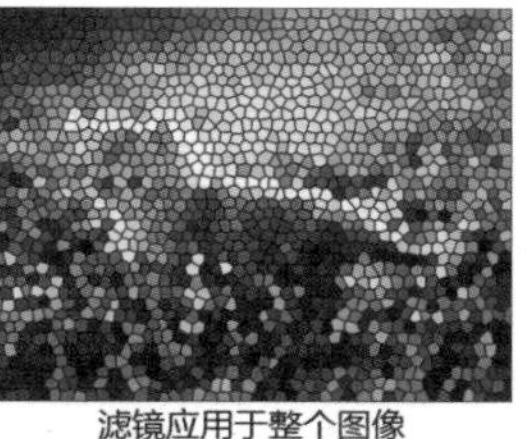

图 8.4 滤镜应用范围

（3）滤镜效果以像素为单位进行计算，因此即使采用相同的参数处理不同分辨率的图像，其效果也不一样。

（4）滤镜可以用来处理图像蒙版、快速蒙版和通道。

（5）当应用完一个滤镜以后，在“滤镜”菜单中的第一行将出现滤镜的名称。执行该命令或按 Ctrl+F 快捷键，可以按照上一次应用该滤镜的参数设置再次对图像应用该滤镜。另外，按 Ctrl+Alt+F 组合键，打开相应的滤镜对话框，从中可以对滤镜的参数重新进行设置。

（6）在任何一个滤镜对话框中按住 Alt 键，“取消”按钮变成“复位”按钮，单击“复位”按钮，可以将滤镜参数恢复为默认设置，如图 8.5 所示。

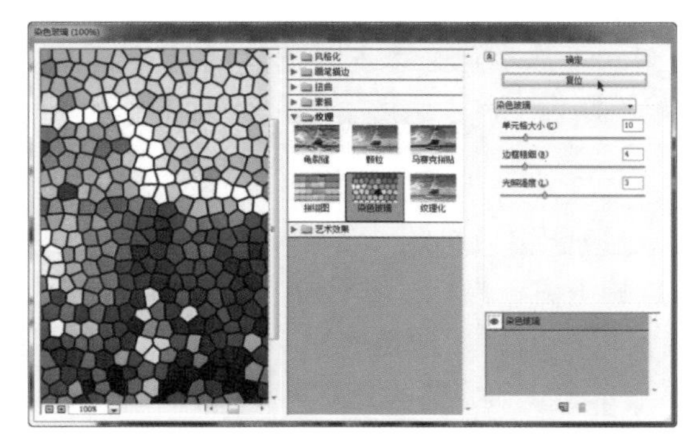

图 8.5 复位功能

（7）滤镜的使用顺序对其总体效果有着明显的影响，如图 8.6 所示。

图 8.6 滤镜顺序对效果的影响

（8）在应用滤镜的过程中，如果要终止处理，可以按 Esc 键。

2. 智能滤镜

应用智能滤镜对象的任何滤镜都是智能滤镜，这种滤镜属于非破坏性滤镜。由于其参数是可以调整的，因此可以调整智能滤镜的作用范围，或对其进行移除、隐藏等操作，如图 8.7 所示。

要使用智能滤镜，首先需要将普通图层转换为智能对象。在普通图层的缩略图上右击，在弹出的快捷菜单中选择“转换为智能对象”命令，即可将普通图层转换为智能对象，如图 8.8 所示。

图 8.7 智能滤镜

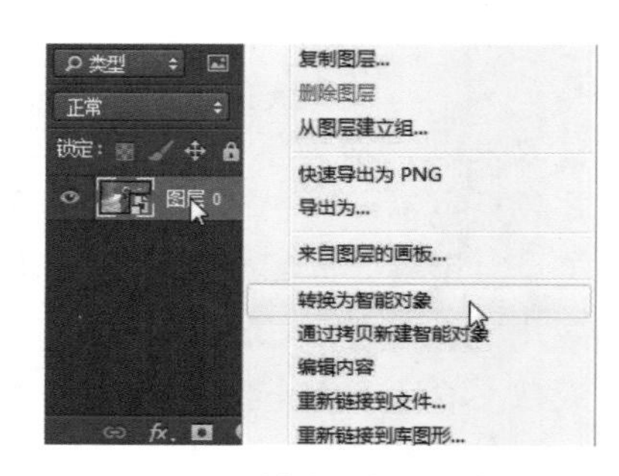

图 8.8 转换为智能对象

小技巧

除了“抽出”滤镜、“液化”滤镜和“镜头模糊”滤镜以外，其他滤镜都可以作为智能滤镜使用。当然，也包含支持滤镜的外挂滤镜。另外，“图像 > 调整”菜单下的“阴影 / 高光”和“变化”命令也可以作为智能滤镜来使用。

3. 渐隐滤镜效果

“渐隐”命令可以更改滤镜效果的不透明度和混合模式。这种渐隐相当于将滤镜效果图层放在原图层的上方，然后调整滤镜图层的混合模式以及不透明度。对图像进行滤镜操作后，执行“编辑 > 渐隐”命令，在弹出的对话框中设置“不透明度”以及“模式”，然后单击“确定”按钮即可，如图 8.9 所示。

图 8.9　渐隐设置

8.1.2　特殊滤镜

1. 滤镜库

滤镜库通常是以对话框的形式出现，其中集合了大量的常用滤镜，如图 8.10 所示。在滤镜库中，可以对一幅图像应用一个或者多个滤镜，也可以多次对同一图像应用同一滤镜，还可以使用其他滤镜替换原有的滤镜。

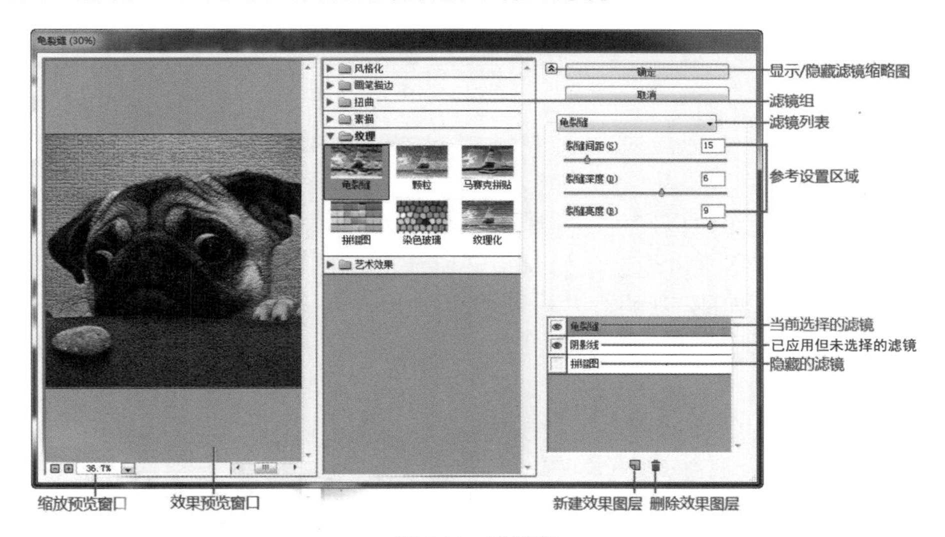

图 8.10　滤镜库

2. 自适应广角

“自适应广角”滤镜可以对广角、超广角及鱼眼效果进行变形校正。

3. 镜头校正

“镜头校正”滤镜不仅可以快速修复常见的镜头瑕疵，还可以用来旋转图像。

4. 液化

“液化”滤镜是一种修饰图像和创建艺术效果的变形工具，其使用方法比较简单，但功能相当强大，可以创建推、拉、膨胀和收缩等变形效果，如图 8.11 所示。

图 8.11　液化

5. 油画

“油画”滤镜可以在普通图像上添加油画的效果，其最大的特点是笔触鲜明，整体感觉厚重，有质感。

6. 消失点

“消失点”滤镜可以在包含透视平面（如建筑物的侧面、墙壁、地面或任何矩形对象）的图像中进行透视校正操作。

8.1.3　内置滤镜组

1.“风格化”滤镜组

“风格化”滤镜组可以产生不同风格的印象派艺术效果，包含“查找边缘”“等高线”“浮雕效果”等 8 种滤镜，如图 8.12 所示。其中，“查找边缘”滤镜可以自动查找图像像素对比变化强烈的边界，将高反差区变亮，将低反差区变暗，而其他区域则介于两者之间，同时，硬边会变成线条，柔边会变粗，从而形成一个清晰的轮廓；“等高线”滤镜用于查找主要亮度区域，并为每个颜色通道勾勒主要亮度区域，以获得与等高线图中的线条类似的效果。

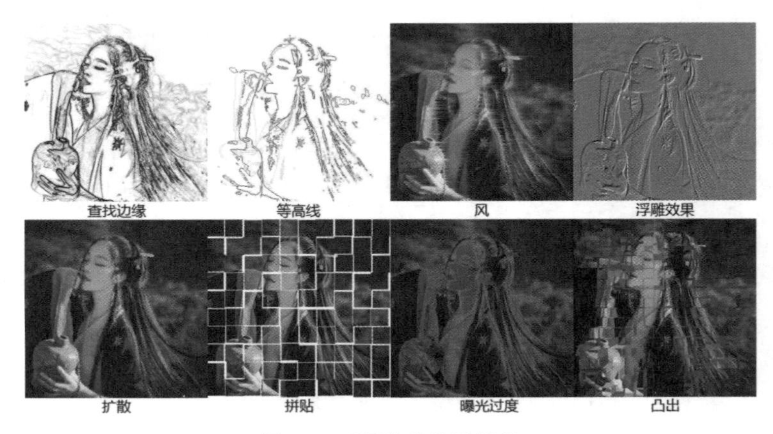

图 8.12　“风格化”滤镜组

2.“模糊”滤镜组

“模糊”滤镜组利用硬边区域相邻近的像素值平均产生平滑的、过滤的可模糊效果，可以模糊图像，包含“表面模糊”“动感模糊”“高斯模糊”等 11 种滤镜，如图 8.13 所示为常用的“模糊”滤镜效果。

图 8.13　常用的“模糊”滤镜效果

3.“扭曲”滤镜组

“扭曲”滤镜组可以对图像进行几何变化，以创造三维或其他变换效果，包含“波浪”“波纹”“极坐标”等多种滤镜。如图 8.14 所示为常用的“扭曲”滤镜效果。

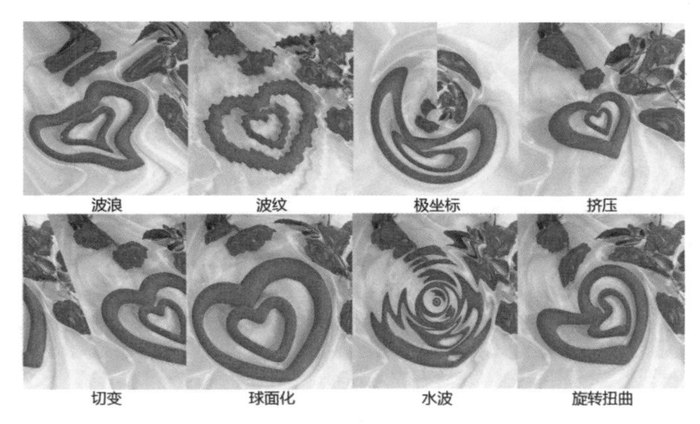

图 8.14　常用的“扭曲”滤镜效果

4.“锐化”滤镜组

“锐化”滤镜组可以通过增加相邻像素对比度而使模糊的图像变清晰，包含“USM 锐化”“进一步锐化”“智能锐化”等 6 种滤镜。

5.“视频”滤镜组

“视频”滤镜组包含“NTSC 颜色”“逐行”两种滤镜。

6.“像素化”滤镜组

“像素化”滤镜组可以将指定单元格中的相似颜色值结块并平面化，包含“点状化”“晶格化”“马赛克”等 7 种滤镜。常用的“像素化”滤镜效果如图 8.15 所示。

图 8.15　常用的“像素化”滤镜效果

7.“渲染”滤镜组

“渲染”滤镜组可以在图像中创建云彩图案、折射图案、3D 形状和模拟的光反射效果等，包含“分层云彩”“光照效果”“镜头光晕”“纤维”“云彩”5 种滤镜。常用的“渲染”滤镜效果如图 8.16 所示。其中“镜头光晕”滤镜可以模拟亮光照射到相机镜头所产生的折射效果。

图 8.16　常用的“渲染”滤镜组效果

8.“杂色”滤镜

“添加杂色”滤镜可以在图像中随机添加像素，也可以用来修缮图像中经过重大编辑的区域。

9.“其他”滤镜组

“其他”滤镜组中的滤镜，有的允许用户自定义滤镜效果，有的可以修改蒙版、在图像中使选区发生位移，以及快速调整图像颜色，包含“高反差保留”“最大值”“最小值”等 5 种滤镜，其中常用的滤镜效果如图 8.17 所示。其中“高反差保留”滤镜可以在具有强烈颜色变化的地方按指定的半径来保留边缘细节，并且不显示图像的其余部分；“最大值”滤镜用来展开白色区域，阻塞黑色区域，常用于修改蒙版；而“最小值”滤镜则用来扩展黑色区域，而收缩白色区域。

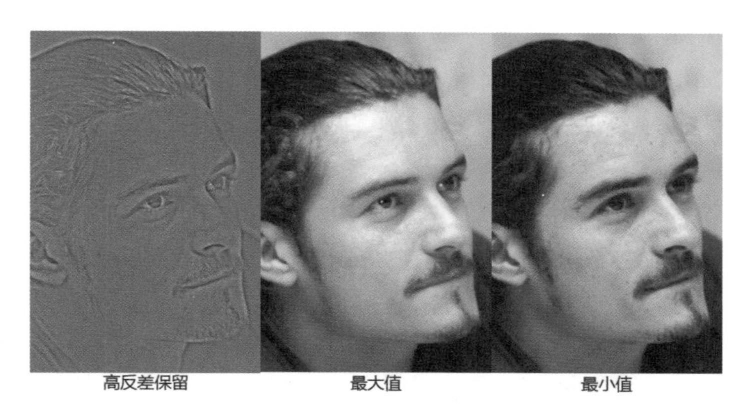

图 8.17　其他滤镜

8.1.4　实现案例——使用滤镜制作下雨效果

➢　素材准备

“阴天 .jpg”如图 8.1 所示。

➢　完成效果

完成效果如图 8.2 所示。

➢　思路分析

- ★　新建图层，添加杂色。
- ★　使用滤镜制作“雨”。
- ★　使用图像调整工具调整“雨”的密度。

➢　实现步骤

（1）打开“阴天 .jpg”，并新建图层，命名为“雨”，填充黑色，如图 8.18 所示。

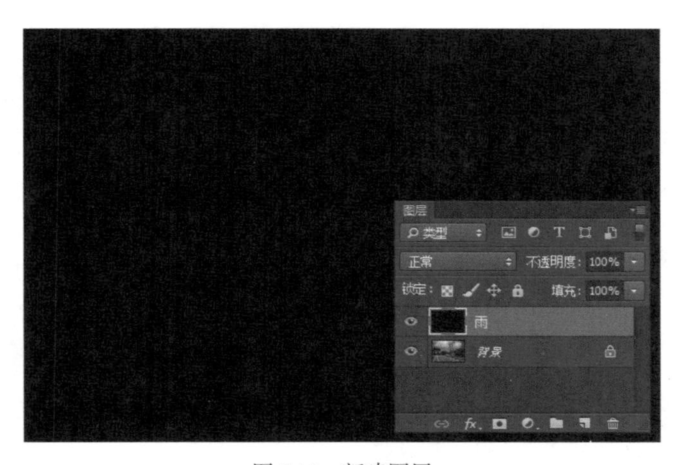

图 8.18　新建图层

（2）执行“滤镜 > 杂色 > 添加杂色”命令，在弹出的对话框中设置相关参数（如数量为 75%，高斯分布，单色），如图 8.19 所示。

图 8.19　添加杂色

（3）执行“滤镜 > 模糊 > 高斯模糊”命令，在弹出的对话框中设置半径为 1.0 像素，如图 8.20 所示。

图 8.20　高斯模糊

（4）执行“滤镜 > 模糊 > 动感模糊”命令，在弹出的对话框中进行相关设置（如角度为 80°，距离为 75 像素），如图 8.21 所示。

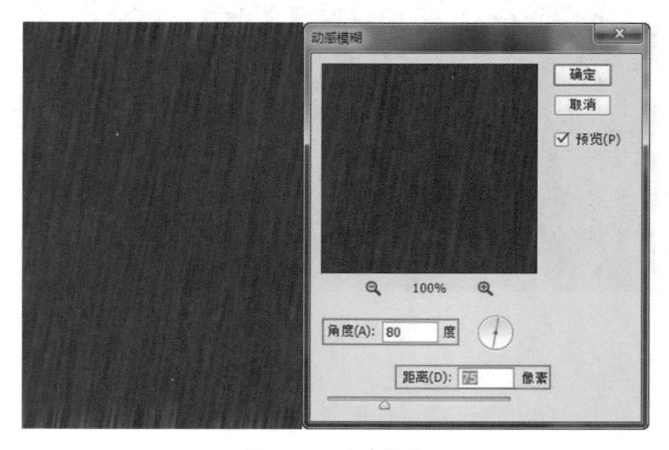

图 8.21　动感模糊

（5）执行“图像 > 调整 > 色阶”命令，或者按 Ctrl+L 快捷键，打开“色阶”对话框，调节阴影和高光滑块，根据预览效果设置其位置，如图 8.22 所示。

（6）调整完成后，在“图层”面板中设置混合模式为滤色，并调低不透明度，效果如图 8.23 所示。

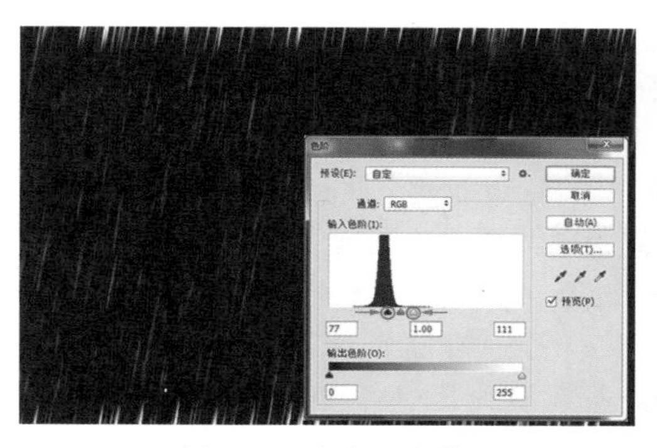

图 8.22 “色阶”对话框

图 8.23 更改图层混合模式

（7）另存文件为“下雨 .jpg”。

8.2 使用通道错位制作 3D 视觉效果

➢ 素材准备

“爆炸 .jpg”如图 8.24 所示。

➢ 完成效果

完成效果如图 8.25 所示。

图 8.24 爆炸 .jpg

图 8.25 完成效果

➢ 案例分析

要制作如图 8.25 所示的 3D 效果，首先需要对 3D 成像原理进行了解。人眼在观看一个物体时，两眼所观察的角度不同，形成的像也不完全相同，这两个像经过大脑综合后就能区分物体的前后、远近，从而产生立体效果，模拟人眼所成的像并合成，通过 3D 眼镜观看，所得图像就可以呈现出立体观感。要实现该效果，通道是最简单快捷的方式，下面就相关理论进行讲解。

8.2.1 通道的类型

一道白色的太阳光，通过三棱镜的折射可以分离出红、橙、黄、绿、青、蓝、紫 7 种颜色；一幅图像，根据不同的图像模式，通过 Photoshop 的通道也可以分离出相应颜色。

通道是存储不同类型信息的灰度图像，在 Photoshop 中共包括了 3 种类型的通道，即颜色信息通道、Alpha 通道和专色通道。只要是支持图像颜色模式的格式，都可以保留颜色通道；如果要保存 Alpha 通道，可以将文件存储为 PDF、TIFF、PSD 和 Raw 格式；如果要保存专色通道，可以将文件存储为 DCS 2.0 格式。

打开任意一张图像，在“通道”面板中都能看到 Photoshop 自动为这张图像创建的颜色通道。“通道”面板主要用于创建、存储、编辑和管理通道。执行“窗口 > 通道”命令可以打开“通道”面板，如图 8.26 所示。

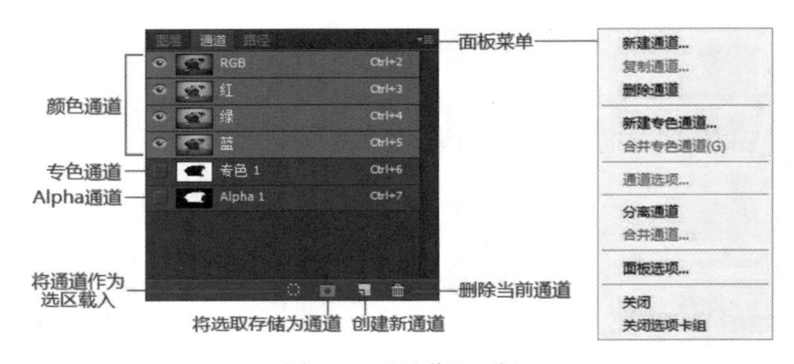

图 8.26 “通道”面板

1. 颜色通道

颜色通道是将构成图像的颜色信息整理并表现为单色图像的工具，在打开新图像时自动创建。图像的模式决定了所创建的颜色通道的数目。例如，RGB 色彩模式的图像有 RGB、红、绿、蓝 4 个通道，如图 8.27 所示；CMYK 色彩模式的图像则有 5 个通道：CMYK、青色、洋红、黄色、黑色，如图 8.28 所示。

图 8.27 RGB 色彩模式通道

图 8.28 CMYK 色彩模式通道

2. Alpha 通道

Alpha 通道主要用于选区的存储、编辑与调用，是用户自行创建的。该通道是一个 8 位的灰色通道，使用 256 级灰度来记录图像中的透明度信息，定义透明、不透明和半透明区域，如图 8.29 所示。其中，黑色处于未选中状态，白色处于完全选中状态，灰色则表示部分被选中状态（即羽化区域）。使用白色涂抹 Alpha 通道可扩大选区范围；使用黑色涂抹则可以收缩选区范围；使用灰色涂抹可以增加羽化范围。

图 8.29　Alpha 通道

小技巧

Alpha 通道与选区的相互转化介绍如下。

在包含选区的情况下，在“通道”面板下单击“将选区存储为通道”按钮，则可以创建一个 Alpha 通道，同时选区会存储到通道中，这就是 Alpha 通道的第一个功能（即存储选区），如图 8.30 所示。

在“通道”面板下单击“将通道作为选区载入”按钮，或者按住 Ctrl 键，同时单击 Alpha 通道缩略图，即可载入之前存储为 Alpha1 通道的选区，如图 8.31 所示。

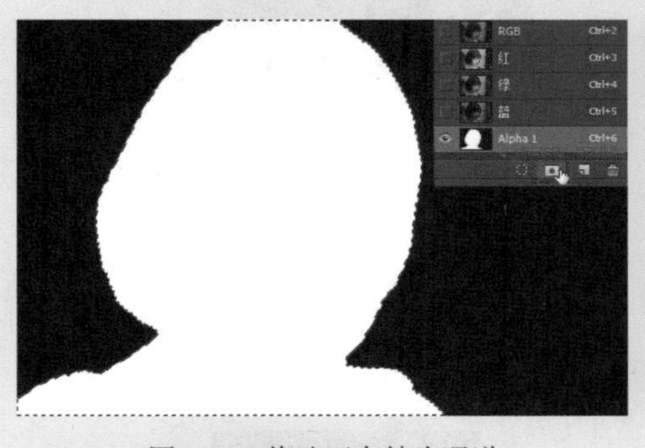

图 8.30　将选区存储为通道

图 8.31　将通道作为选区载入

3. 专色通道

专色通道主要用于专色油墨印刷的附加印版，也是用户自行创建的。不但可保存专色信息，同时也具有 Alpha 通道的特点。不过每个专色通道只能存储一种专色信息，而且是以灰色形式来存储的。另外，除了位图模式以外，其余的色彩模式图像都可以建立专色通道。

8.2.2 通道的基本操作

在“通道”面板中，可以选择某个通道进行单独操作，也可以切换某个通道的隐藏和显示，或对其进行复制、删除、分离、合并等操作。

1. 新建 Alpha/专色通道

要新建 Alpha 通道，在“通道”面板下单击“创建新通道”按钮即可，如图 8.32 所示。Alpha 通道可以使用大多数绘制修饰工具进行创建，也可以使用命令、滤镜进行编辑，如图 8.33 所示。

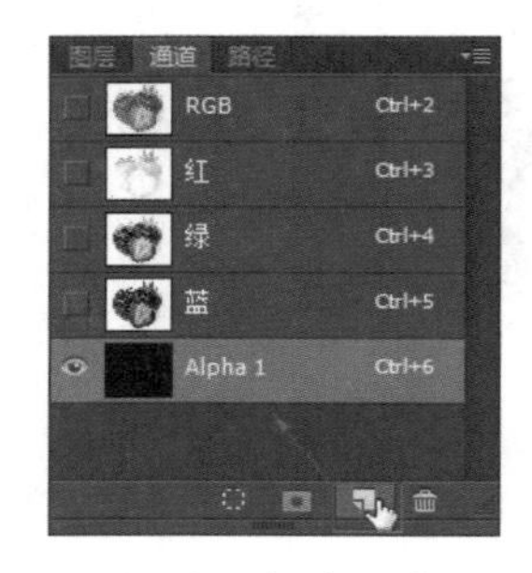

图 8.32　新建通道

图 8.33　编辑通道

如果要新建专色通道，可以在“通道”面板的菜单中选择“新建专色通道”命令，如图 8.34 所示。

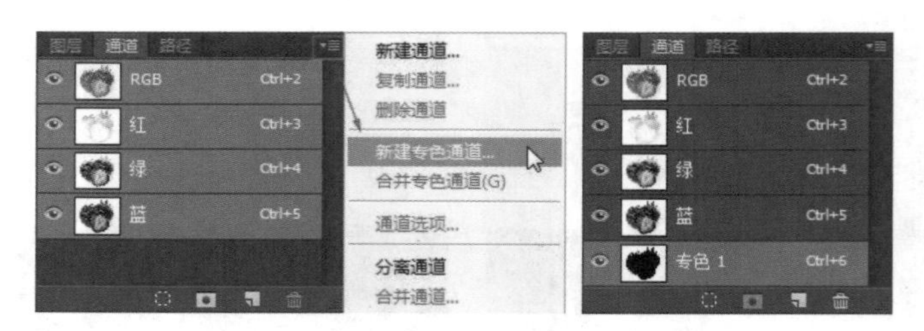

图 8.34　新建专色通道

2. 复制 / 粘贴通道

要复制通道，可以在面板菜单中选择“复制通道”命令，或在通道上右击，在弹出的快捷菜单中选择“复制通道”命令，如图 8.35 所示。或者直接将通道拖曳到“创建新通道”按钮上即可，如图 8.36 所示。

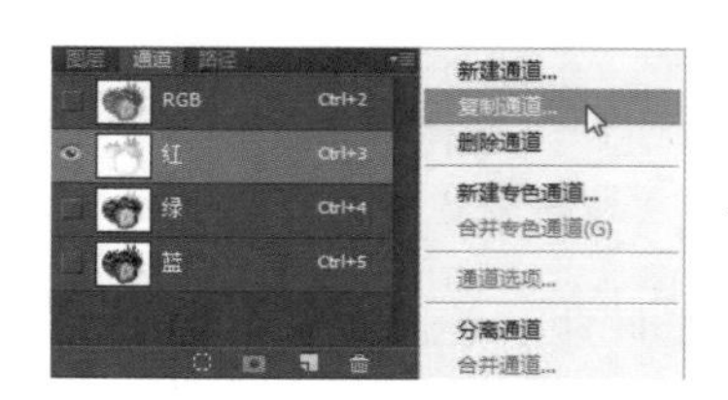

图 8.35　菜单栏复制通道

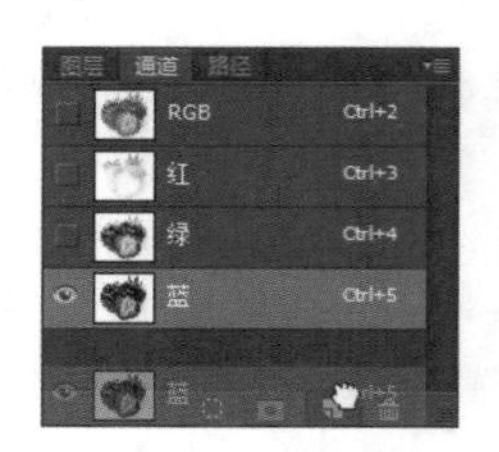

图 8.36　拖曳复制通道

通道中的内容可以进行复制，并以黑白图像的方式粘贴到图像中，如图 8.37 所示；相反，图层中的内容可以进行复制，并将其转换为黑白图像的方式粘贴到通道中，作为新的 Alpha 通道，如图 8.38 所示。

图 8.37　通道内容复制到图层

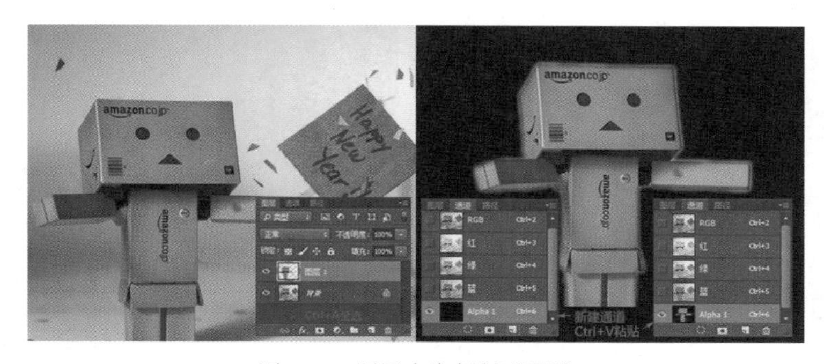

图 8.38　图层内容复制到通道

3. 删除通道

复杂的 Alpha 通道会占用很大的磁盘空间，因此在保存图像之前，可以删除无用的 Alpha 通道和专色通道。在“通道”面板上右击，在弹出的快捷菜单中选择“删除通道”命令，或者直接将通道拖曳到“删除当前通道”按钮🗑上即可。

4. 合并 / 分离通道

可以将多个灰度图像（根据色彩模式情况而定）合并为一个图像的通道。要合并的图像必须是打开的已拼合的灰度图像，并且像素尺寸相同。在不满足以上条件的情况下，“合并通道”命令将不可用。

与合并通道相反，分离通道可以将红、绿、蓝 3 个通道（RGB 模式）单独分离成 3 幅灰度图像（会关闭彩色图像），同时每个图像的灰度都与之前的通道灰度相同。

8.2.3　实现案例——使用通道错位制作 3D 视觉效果

➢　素材准备

“爆炸 .jpg”如图 8.24 所示。

➢ 完成效果

完成效果如图 8.25 所示。

➢ 思路分析

★ 理解 3D 成像的原理。

★ 调整对应的颜色通道。

★ 裁剪图像错位后多余的边缘。

➢ 实现步骤

（1）打开“爆炸.jpg”，并打开“通道”面板，如图 8.39 所示。

（2）选择“红”通道，按 Ctrl+A 快捷键，使用移动工具将该通道向左移动 3 像素，如图 8.40 所示。

图 8.39 打开素材

图 8.40 移动“红”通道

（3）选择“绿”通道和“蓝”通道，按 Ctrl+A 快捷键，使用移动工具将该通道向右移动 3 像素，如图 8.41 所示。

（4）切换回 RGB 模式，使用裁剪工具，裁剪图像错位后多余的边缘，如图 8.42 所示。

图 8.41 移动“绿”和“蓝”通道

图 8.42 裁剪图像

（5）最终效果如图 8.43 所示。完成后保存文件。

图 8.43　最终效果

8.3　使用通道计算磨皮

➢　素材准备

“素材 .jpg”如图 8.44 所示。

➢　完成效果

完成效果如图 8.45 所示。

图 8.44　素材 .jpg

图 8.45　完成效果

➢　案例分析

实现美颜磨皮。其中，通道磨皮占据着比较重要的位置。通道磨皮主要利用通道单一颜色的便利条件，并通过高反差滤镜与多次计算得到皮肤瑕疵部分的选区，然后针对选区进行亮度颜色调整，减少瑕疵与正常皮肤肤色的差异，从而达到磨皮效果，理论知识讲解如下。

8.3.1 通道的高级操作

1. 用“应用图像”命令混合通道

“应用图像”命令可以将作为“源”图像的图层或者通道与作为“目标”图像的图层或者通道进行混合，如图 8.46 所示为包含“背景”图层和“光斑”文档的混合效果。

图 8.46 应用图像

2. 用“计算”命令混合通道

“计算”命令可以混合两个来自一个源图像或多个源图像的单个通道，得到的混合结果可以是新的灰度图像或选区、通道。打开一幅图像，执行“图像 > 计算”命令，打开“计算”对话框，如图 8.47 所示。

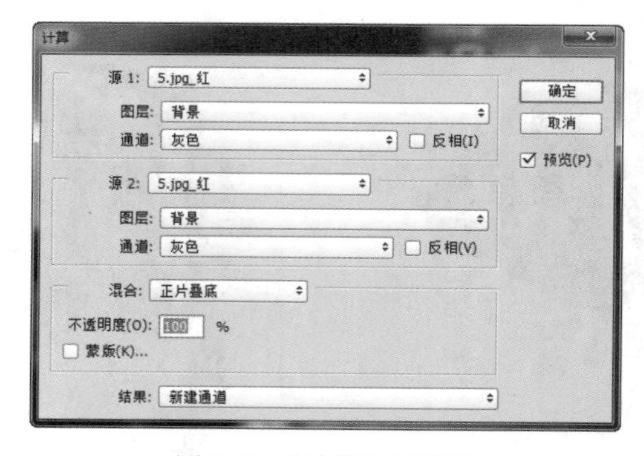

图 8.47 “计算”对话框

- 源 1/ 源 2：用于选择参与计算的第 1 个 / 第 2 个源图像、图层及通道。
- 图层：如果源图像具有多个图层，可以在这里进行图层的选择。
- 通道：选择用于计算的通道。
- 反相：可以将当前通道的黑白关系进行反向并计算。
- 蒙版：选中该复选框，可以显示出“蒙版”的相关选项。可以选择任何颜色通道和 Alpha 通道来作为蒙版。
- 结果：选择计算完成后生成的结果。选择“新建文档”方式，可以得到一个灰度图像；选择“新建通道”方式，可以将计算结果保存到一个新的通道中；选择“选区”方式，可以生成一个新的选区。

3. 用通道调整颜色

通道调色是一种高级调色技术。可以对一幅图像的单个通道应用各种调色命令，从而达到调整图像中单种色调的目的。打开一幅图像，选择一个通道，打开“曲线”对话框（Ctrl+M）。向上调整曲线，就可以增加对应通道（红、绿、蓝）的点数，反之，点数减少。如图 8.48 所示为调整“红”通道前后的对比图。

图 8.48　用“红”通道调整图像颜色

8.3.2　实现案例——使用通道计算磨皮

➢ 素材准备

“素材 .jpg”如图 8.44 所示。

➢ 完成效果

完成效果如图 8.45 所示。

➢ 思路分析

★ 使用高反差滤镜和计算强化瑕疵区域与正常皮肤的反差。

★ 载入选区，使选区包含瑕疵选区，使用曲线工具调亮，使皮肤变得光滑柔美。

★ 再次使用曲线工具调整图像整体亮度。

➢ 实现步骤

（1）打开素材文件，并打开“通道”面板，选择面部瑕疵对比比较大的“蓝”通道，如图 8.49 所示。

（2）拖曳“蓝”通道到“新建通道”按钮上，创建“蓝拷贝”通道，如图 8.50 所示。

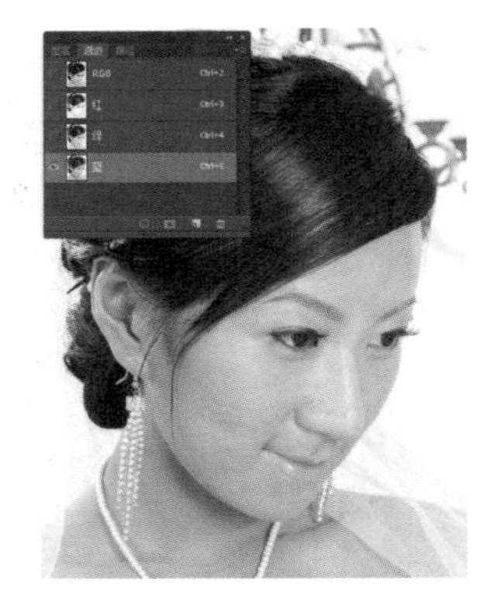

图 8.49　选择对比大的通道

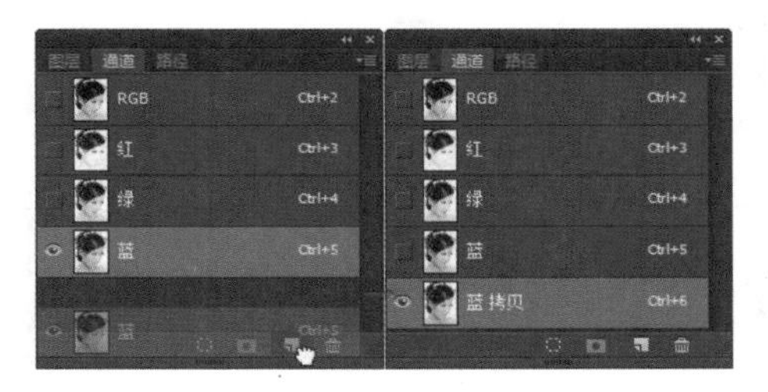

图 8.50　复制“蓝”通道

（3）对“蓝 拷贝”通道执行“滤镜 > 其他 > 高反差保留”命令，弹出“高反差保留”对话框，对“半径”进行设置（如 10.0 像素），如图 8.51 所示。

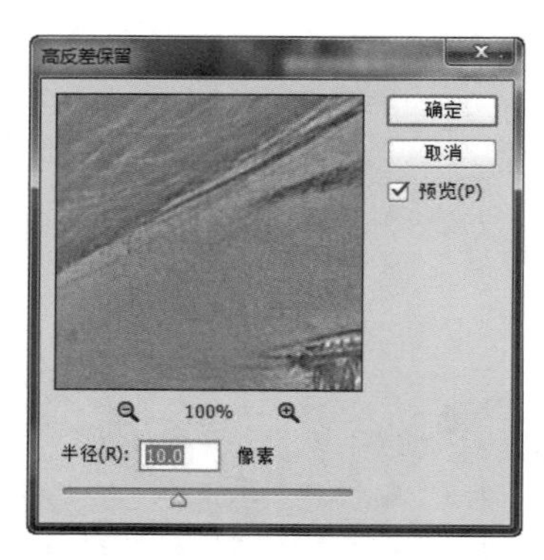

图 8.51 “高反差保留”对话框

（4）执行“图像 > 计算”命令，在弹出的对话框中设置“源 1”“源 2”通道均为“蓝 拷贝”，“混合”为“叠加”，如图 8.52 所示。单击“确定”按钮完成计算，得到 Alpha 1 通道，如图 8.53 所示。

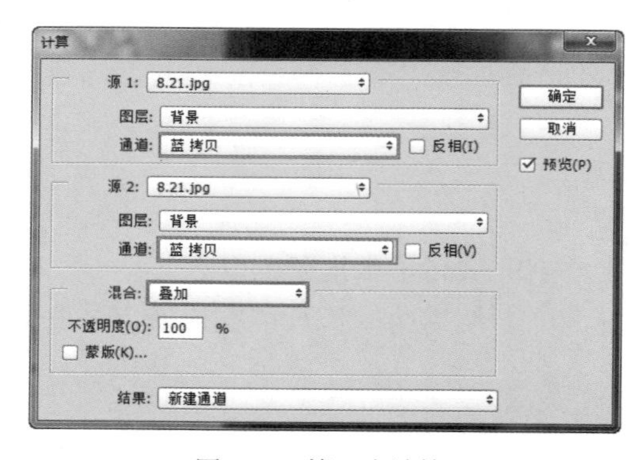

图 8.52 第一次计算

图 8.53 第一次计算后的效果

（5）继续对 Alpha 1 通道执行“图像 > 计算”命令，在弹出的“计算”对话框中设置“源 1”“源 2”通道均为 Alpha 1，“混合”为“叠加”，如图 8.54 所示。单击“确定”按钮完成计算，得到 Alpha 2 通道，如图 8.55 所示。

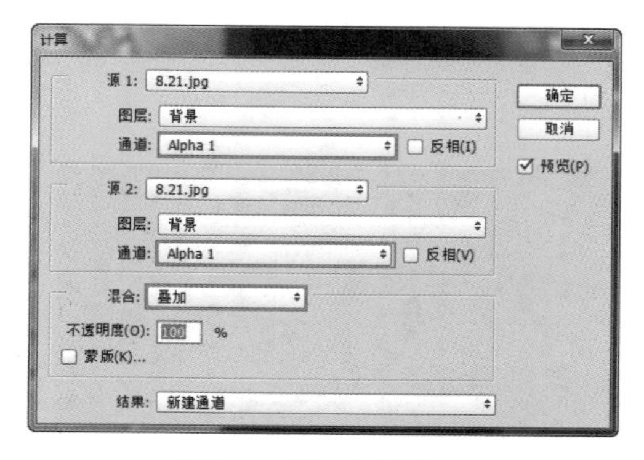

图 8.54 第二次计算

图 8.55 第二次计算后的效果

（6）按住 Ctrl 键，单击 Alpha 2 通道缩略图，载入选区。单击 RGB 模式，返回“图层”面板，按住 Ctrl+Shift+I 组合键，反向选择选区，此时选区中包含瑕疵选区，如图 8.56 所示。

（7）新建一个“曲线”调整图层，向上调整曲线形状，人像被提亮，可以看到瑕疵在减淡消失，如图 8.57 所示。

图 8.56　包含瑕疵载入选区

图 8.57　将选区内区域调亮

（8）再次创建“曲线”调整图层，适当将画面调暗，如图 8.58 所示。

（9）将两个“曲线”图层选中，按 Ctrl+G 快捷键将它们放到一个组内，并为该组添加图层蒙版。

（10）使用柔性黑色画笔在人像的眉眼、嘴唇边缘、头发、面部轮廓等部分进行涂抹，如图 8.59 所示。

（11）最终效果如图 8.60 所示。完成后保存文件。

图 8.58　整体调暗

图 8.59　显现非磨皮区域

图 8.60　最终效果

技能训练

实战案例 1：使用滤镜制作运动效果

➢ 需求描述

应用本章相关知识，将如图 8.61 所示的“跑步 .jpg”制作出动感效果，如图 8.62 所示。

图 8.61　跑步 .jpg

图 8.62　完成效果

➢ 技术要点

动感模糊。

➢ 实现思路

根据理论课讲解的技能知识，完成如图 8.62 所示的效果，应从以下两点予以考虑。

★ 模糊效果分析。

★ 如何遮盖住向前的模糊显示，只显现所需方向的模糊。

实战案例 2：使用滤镜制作下雪效果

➢ 需求描述

应用本章相关知识为如图 8.63 所示的“阴天 .jpg”添加雪花，制作下雪效果，如图 8.64 所示。

图 8.63　阴天 .jpg

图 8.64　完成效果

➢ 技术要点

★ 模糊滤镜组。

★ 像素化滤镜组。

★ 混合模式。

★ 调整图层。

➢ 实现思路

根据理论课讲解的技能知识，完成如图 8.64 所示的效果，应从以下 3 点予以考虑。

★ 通过混合模式调节混合选项来制作出地面和房子上的积雪。

★ 关于雪花的制作，类似于雨的制作，不同的是动感模糊的距离及雪花大小的调节。

★ 使用调节图层调整图像明暗度。

实战案例 3：使用通道抠图

➢ 需求描述

如图 8.65 所示，将图中的人像（包含半透明的婚纱部分）抠取出来，如图 8.66 所示。

图 8.65 婚纱 .jpg

图 8.66 完成效果

➢ 技术要点

★ 钢笔工具。

★ 图像调整命令。

★ 画笔、加深、减淡工具。

➢ 实现思路

根据理论课讲解的技能知识，完成如图 8.66 所示的效果，应从以下两点予以考虑。

★ 使用钢笔工具绘制人像中除婚纱透明区域以外的部分精确选区。

★ 抠图过程中可以重复使用“色阶”等调整命令，以及画笔、加深、减淡等工具对通道进行调整，以得到最精准的选区。

本章总结

➢ “模糊”滤镜组可柔化选区或整个图像，这对于修饰图像非常有用。

➢ “渲染”滤镜组可以在图像中创建三维形状、云彩图案和三维光照效果。

➢ “纹理”滤镜组用于使图像产生具有深度感的外观或添加纹理化外观。

➢ “扭曲”滤镜组是一种破坏性滤镜，以几何方式扭曲图像，创建新效果。

➢ “风格化”滤镜组可在图像上产生绘画或印象派效果。

➢ “杂色”滤镜组可在图像中增加或减少杂点。

➢ “像素化”滤镜组能实现类似于平面设计中色彩构成的效果。

➢ 通道是存储不同类型信息的灰度图像。通道不仅是选区的一个载体，也是选区的提供者。可以将选区存储为一个 Alpha 通道，也可以将 Alpha 通道载入成为一个选区。

➢ 利用滤镜、图像调整命令和绘图工具都可以编辑通道，用来进行人像磨皮、抠图等。

第 9 章 平面设计

本章简介

平面设计是沟通传播、风格化和通过文字和图像解决问题的艺术。由于有知识技能的重叠，平面设计常常被误认为是视觉传播或传播设计。平面设计中通过使用多种方法去创造和组合文字、符号和图像来产生视觉思想和信息。平面设计师或许会利用字体编排、版面技术来使产品设计达到预期效果。

在平面设计中，不仅应注重表面视觉上的美观，也应该考虑信息的有效传达。平面设计主要由以下几个基本要素构成：没有好的创意，就没有好的作品，创意中要考虑观众、传播媒体、文化背景 3 个条件；要解决图形、色彩和文字三者之间的空间关系，做到新颖，合理和统一；好的平面设计作品在画面色彩的运用上注意调和、对比、平衡、节奏与韵律。

本章主要学习 Photoshop 平面设计中的 Logo 及海报的设计应用。

本章工作任务

在平面设计的相关工具中，Photoshop 占据了不可或缺的位置，通过前 8 章 Photoshop 的系统学习，对 Photoshop 的使用已经有了一定的了解和掌握。本章重点学习 Photoshop 在平面设计中的应用，并能够完成 Logo 以及海报的设计制作。

本章技能目标

- 掌握 Photoshop 的使用在 Logo 设计中的技巧与方法。
- 掌握 Photoshop 的使用在海报设计中的技巧与方法。
- 了解 Photoshop 的使用在平面设计中的其他应用。

预习作业

（1）Logo 分为几种设计形式？ Logo 设计的思路是什么？

（2）海报的分类有几种？海报设计的思路是什么？

（3）列举 Photoshop 在平面设计中的其他应用。

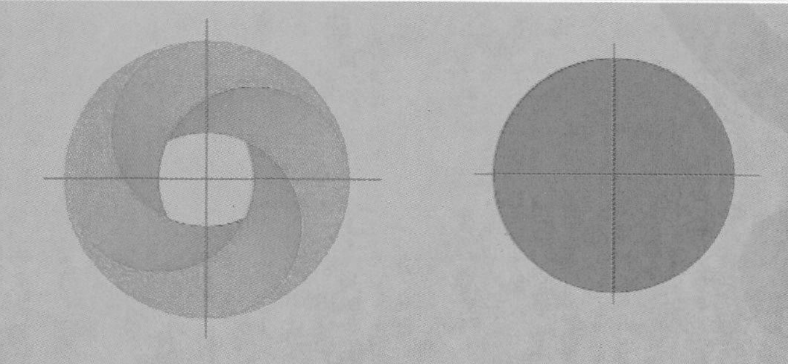

9.1 Logo 设计

➢ 完成效果

完成效果如图 9.1 所示。

➢ Logo 设计介绍

Logo 是徽标或者商标的英文说法，起到对徽标拥有公司的标识和推广的作用，形象的 Logo 可以让消费者记住公司主体和品牌文化。网络中的 Logo 徽标主要是各个网站用来与其他网站链接的图形标志，代表一个网站或网站的一个板块。

一个好的 Logo 应具有识别性、领导性和同一性，是企业视觉传达要素的核心，代表着企业的经营理念、文化特色和价值取向，是企业精神的具体象征。在设计 Logo 时，应该保持视觉平衡，讲究线条的流畅，使整体形状美观，注意留白以及色彩的运用技巧。

如图 9.2 所示为常见的几种 Logo 设计形式。

图 9.1 完成效果　　图 9.2 Logo 的形式

➢ 思路分析

★ 形式上，确定设计形式以及主要色调；注意点线面的排布，保持视觉平衡。

★ 技术上，先利用图形运算绘制 Logo 的部分基础图形，再通过旋转复制、添加渐变得到 Logo 图形部分，再添加相应的文字。

➢ 技术要点

★ 矢量工具的使用及运算。

★ 图层样式的运用。

➢ 实现步骤

（1）新建文件尺寸为 500×500 像素，命名为 logo，如图 9.3 所示。

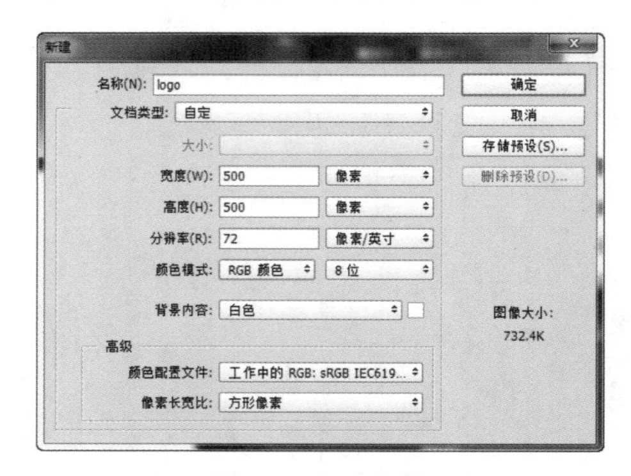

图 9.3 新建文件

（2）新建水平居中和垂直居中参考线，选择椭圆工具，按住 Shift 键和 Alt 键，按住鼠标左键，从参考线的交点开始拖动，创“椭圆 1”，其尺寸为 300×300 像素。为了区别后续图形，填充红色，如图 9.4 所示。

（3）再次拖动创建“椭圆 2”，填充黄色，并与“椭圆 1”水平居中右对齐，如图 9.5 所示。

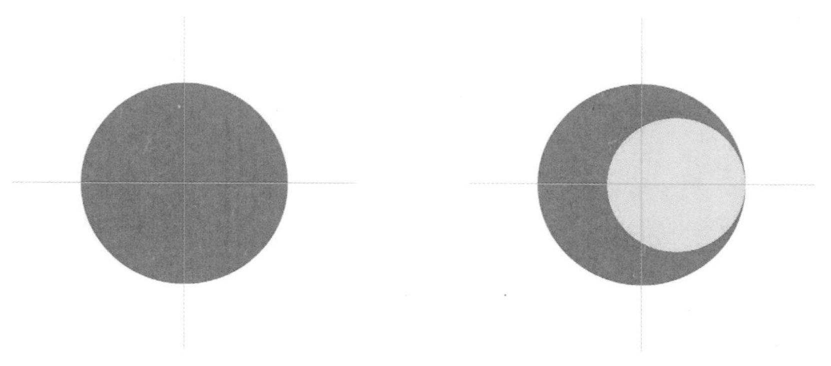

图 9.4　绘制“椭圆 1”　　图 9.5　绘制“椭圆 2”

（4）连续复制椭圆 2 得到“椭圆 2 拷贝”和“椭圆 2 拷贝 2”，并与“椭圆 1”垂直居中底对齐，将“椭圆 2 拷贝 2”隐藏以备用，如图 9.6 所示。

（5）合并“椭圆 2”与“椭圆 2 拷贝”，使用路径选择工具选择“椭圆 2 拷贝”，单击形状运算按钮，选择“减去顶层形状”，再次单击，选择“合并形状组件”，得到如图 9.7 所示的图形，复制“椭圆 2 拷贝”得到“椭圆 2 拷贝 3”，隐藏“椭圆 2 拷贝”，备用。

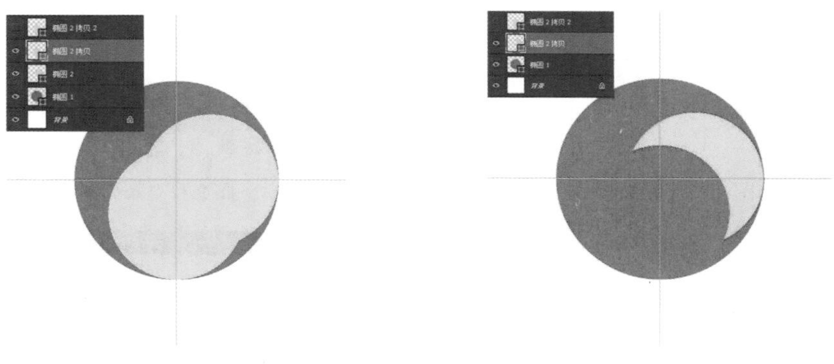

图 9.6　复制“椭圆 2”　　图 9.7　合并组件

（6）将“椭圆 2 拷贝 2”“椭圆 2 拷贝 3”与“椭圆 1”合并，使用路径选择工具选择原“椭圆 2 拷贝 2”，单击形状运算按钮，选择“减去顶层形状”；选择原“椭圆 2 拷贝 2”路径，选择“减去顶层形状”；再次单击，选择“合并形状组件”，得到如图 9.8 所示的图形。

（7）使用直接选择工具，选中大块区域图形及多余锚点，删除得到如图 9.9 所示的“椭圆 2 拷贝 2”。

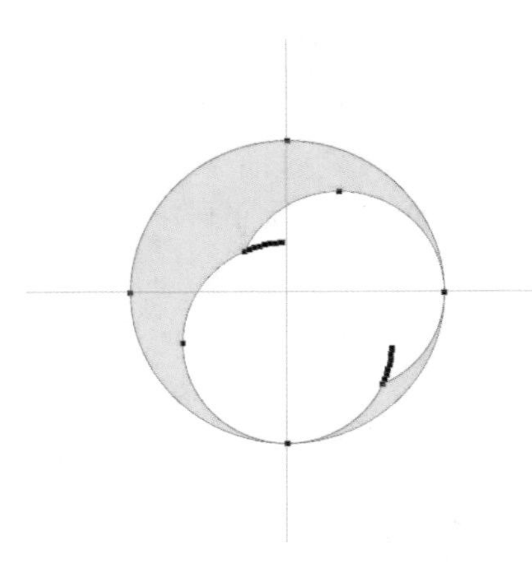

图 9.8　合并组件

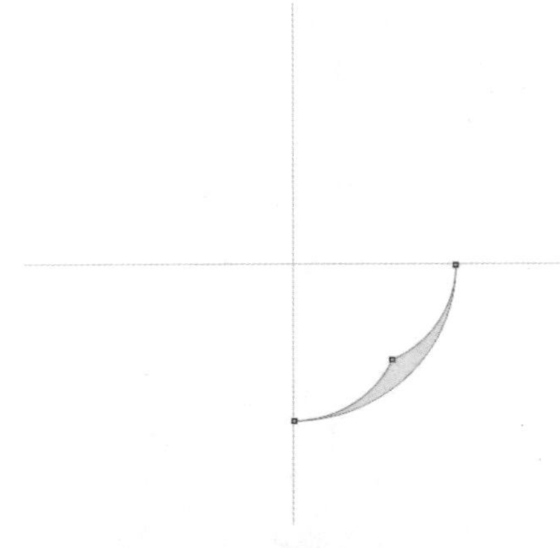

图 9.9　删除多余部分

（8）显示“椭圆 2 拷贝”，合并“椭圆 2 拷贝 2”和“椭圆 2 拷贝”，并合并组件，得到如图 9.10 所示的基础图形。

（9）在其选项栏中选择填充，打开渐变选框，设置起点色标（如 #ffff00）、终点色标（#ff6000），角度设置为 135°，如图 9.11 所示。

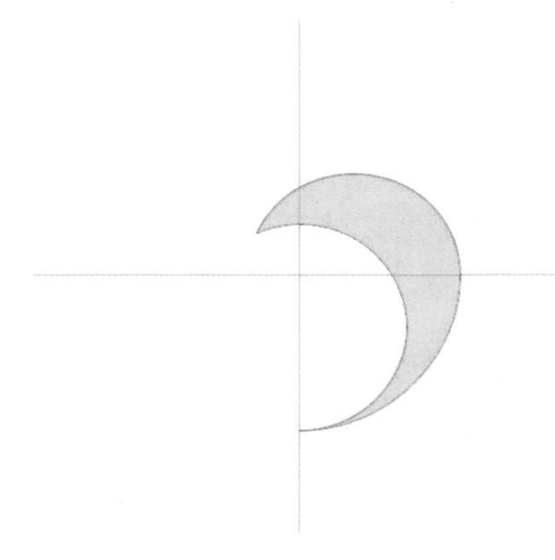

图 9.10　图形合并

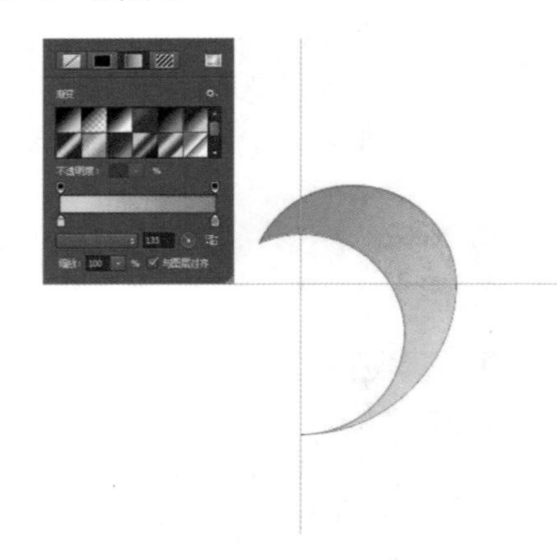

图 9.11　添加渐变

（10）使用组合键 Ctrl+Alt+T 启用自由变换，按住鼠标左键，将变换定位点移动至参考线的交点位置，如图 9.12 所示。

（11）使用组合键 Shift+Ctrl+Alt+T，启用变换复制，得到“椭圆 2 拷贝 3”“椭圆 2 拷贝 4”“椭圆 2 拷贝 5”，调节“椭圆 2 拷贝 3”的渐变角度为 45°，“椭圆 2 拷贝 4”的渐变角度为 -45°，“椭圆 2 拷贝 5”的角度为 -135°，最终得到如图 9.13 所示的效果。

（12）添加 Logo 文字，得到最终效果，如图 9.14 所示。保存文件。

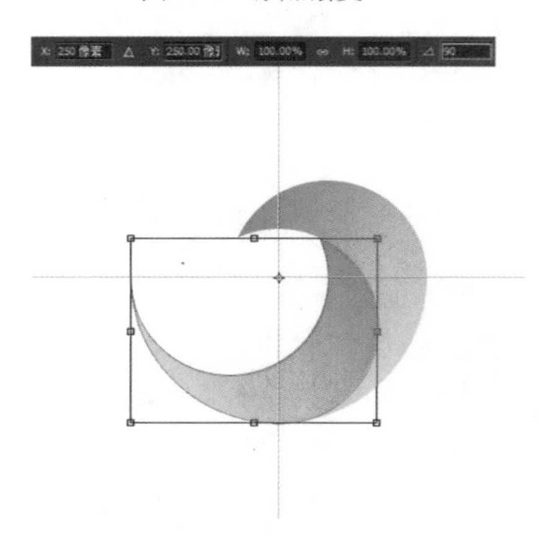

图 9.12　录制变换规律

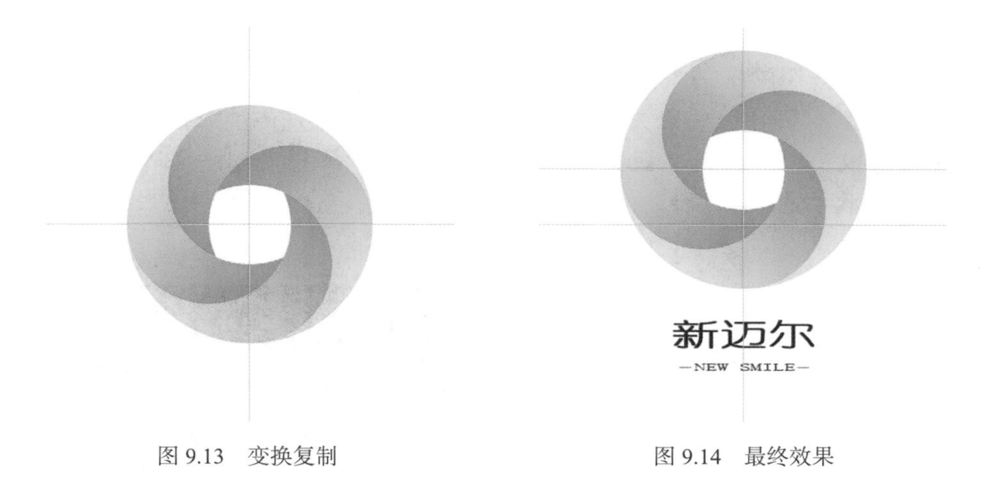

图 9.13 变换复制　　图 9.14 最终效果

9.2 海报设计

➢ 素材准备

素材列表如图 9.15 所示。

➢ 完成效果

完成效果如图 9.16 所示。

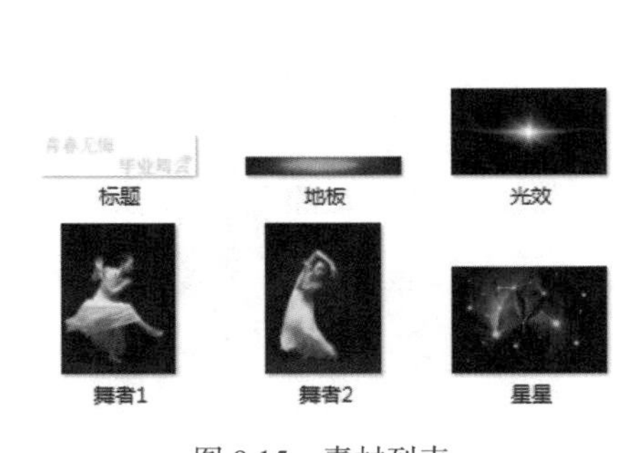

图 9.15 素材列表

图 9.16 完成效果

➢ 海报设计介绍

海报设计是基于平面设计技术、随着广告行业发展起来的。海报设计的核心任务是对图像、文字、色彩、版面、图形等设计元素，结合广告媒体的特点和商业元素来表达广告目的和意图。

海报必须有相当的号召力与艺术感染力，海报设计要调动形象、色彩、构图、形式感等因素形成强烈的视觉效果；其画面应有较强的视觉中心，应力求新颖、单纯，还必须具有独特的艺术风格和设计特点。

海报按其应用的不同大致分为：宣传商品或商业服务的商业广告性海报，如图 9.17 所示；宣传各种社会文娱活动及各类展览的文化宣传性海报，如图 9.18 所示；专门为吸引观众注意、刺激电影票房收入的电影海报，如图 9.19 所示；各种社会公益或政治思想、道德宣传，对公众具有特定教育宣传作用的公益海报等，如图 9.20 所示。

图 9.17　商业海报

图 9.18　企业海报

图 9.19　电影海报

图 9.20　公益海报

➢ 思路分析

★ 理解海报的制作目的及受众群体。

★ 表现方式的创意。

★ 信息数量平衡，重点文字突出，要有留空。

➢ 技术要点

★ 关于抠图，要灵活地使用各种抠图方式，必要时可以交错使用不同的抠图方式。边界对比明晰，可以使用选区快速抠取图像；对抠图质量要求比较高的，使用钢笔工具可以抠取出比较精准的边缘；对于半透明、有毛发的图像，使用通道抠图。

★ 关于排版，要有大小的跳跃、颜色的跳跃，要和产品的风格相近。

★ 关于风格，要把控色彩的使用，灵活使用渐变、线条、图像合成等。

➢ 实现步骤

（1）新建文件，如图 9.21 所示。

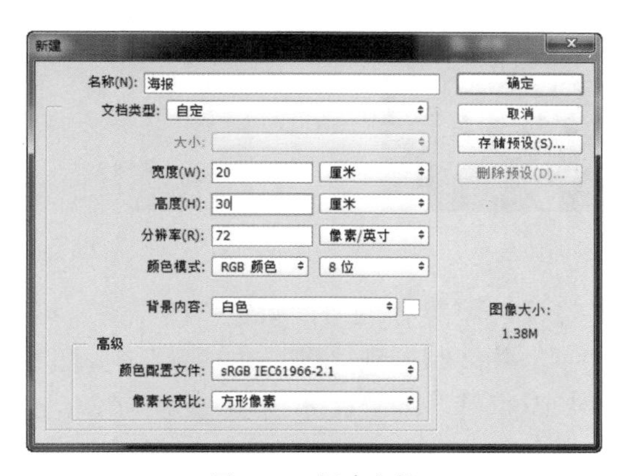

图 9.21 新建文件

（2）新建图层，使用渐变工具设置渐变，如图 9.22 所示，效果如图 9.23 所示。

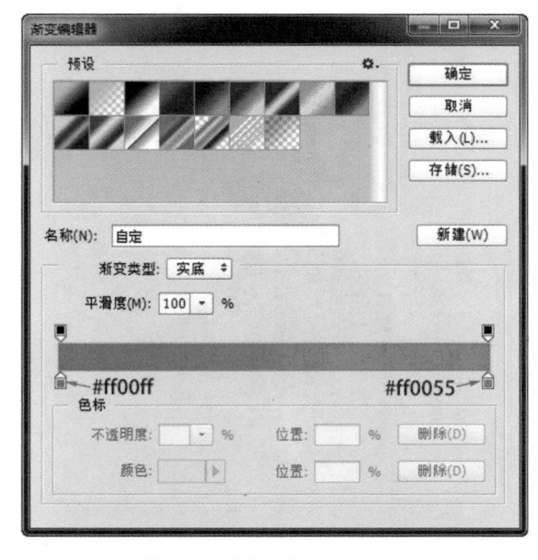

图 9.22 添加渐变工具

图 9.23 添加渐变效果

（3）导入“星星.jpg”素材，放置在图像的中上部，改变其混合模式为“滤色”；添加图层蒙版，使边缘更加融合。调整其不透明度为50%，如图9.24所示。

（4）新建图层，选择画笔工具，更换为光斑笔刷，不透明度设为50%，添加星光，如图9.25所示。

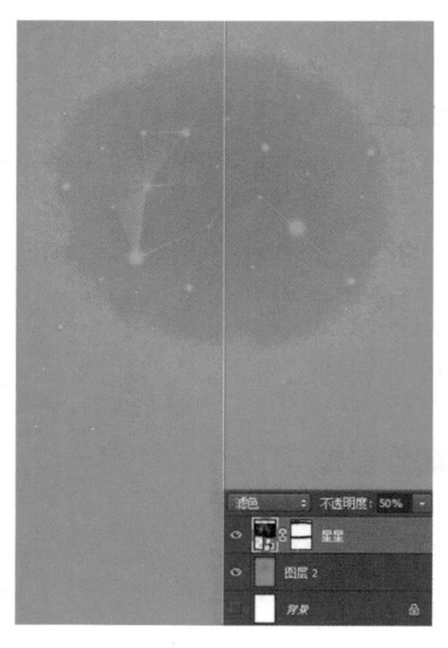

图 9.24　添加星星

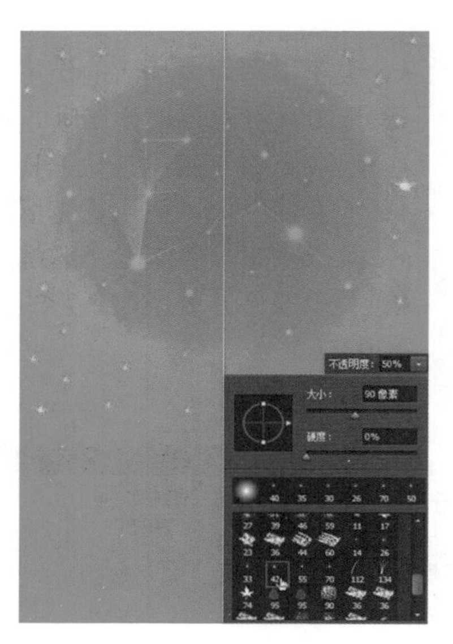

图 9.25　添加星光

（5）打开“舞者”文件，将舞者抠出，新建“图层4”，将抠取出的“舞者”载入“海报”的新建文件中，并复制得到“图层4拷贝”，如图9.26所示。

（6）更改“图层4”为滤色，调整其不透明度为30%，放置在图像的上方；将“图层5拷贝”载入选区，填充黑色，缩放至图像中偏下的位置，如图9.27所示。

图 9.26　载入抠取“舞者”

图 9.27　背景制作完成

（7）添加“地板”素材，置于“图层 4”之下，放置在图像中下位置，如图 9.28 所示。

（8）绘制矩形、椭圆形，填充黑色，并合并组件，如图 9.29 所示。

图 9.28　添加“地板”

图 9.29　添加并合并组件

（9）添加“光效”素材，置于地板和背景的交汇处，调整混合模式为“滤色”；添加“标题”素材，放置在图像上方，效果如图 9.30 所示。

（10）添加时间和地点等信息文字，最终效果如图 9.31 所示。

图 9.30　添加光效和标题

图 9.31　最终效果

技能训练

实战案例 1：Logo 设计

➢ 需求描述

使用 Photoshop 进行 Logo 设计，要求以金色为主色，并阐述 Logo 的设计理念，如图 9.32 所示。

➢ 技术要点

★ 根据 Logo 的图形要求，灵活使用矢量图形工具及其运算。

★ 使用单色或者渐变填充 Logo。

★ 使用图层样式，表现 Logo 的立体、质感等效果。

图 9.32 完成效果

➢ 实现思路

根据理论课讲解的技能知识，完成 Logo 设计，应从以下两点予以考虑。

➢ Logo 的表现形式的确立，如采用图形式设计。

➢ 使用矢量工具进行外形的勾勒或运算；使用图层样式丰满设计。

实战案例 2：电影海报的设计

➢ 需求描述

使用 Photoshop 设计电影海报，要求尺寸为 30cm×20cm，并能表达设计理念。如图 9.33 所示为变形金刚电影海报。

➢ 素材准备

素材列表如图 9.34 所示。

图 9.33 变形金刚海报

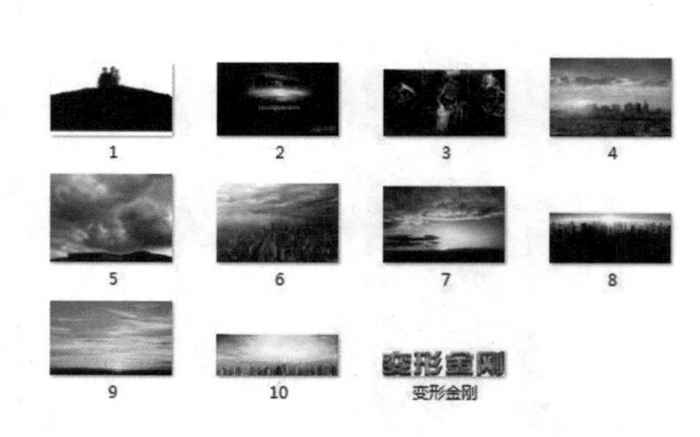

图 9.34 素材列表

➢ 技术要点

★ 海报的布局设计。

★ 使用图层蒙版将元素叠加。

★ 文字的添加及排版。

➢ 实现思路

根据理论课讲解的技能知识，完成最终海报设计效果，应从以下两点予以考虑。

★ 使用参考线来布局对齐页面元素。

★ 按照“星球”“城市阳光”“文字”等页面布局和功能分组。

★ 色调的调整及整个页面的排版。

本 章 总 结

本章学习了 Photoshop 在平面设计中的应用，主要包含 Logo 设计、海报设计等。通过本章的学习，可使读者对平面设计有初步了解，掌握 Photoshop 在平面设计中的使用技巧和方法，为今后学习平面设计提供帮助。

第 10 章

手机UI设计

本章简介

手机 UI 设计是对手机软件的人机交互、操作逻辑、界面的整体设计。好的 UI 设计不仅能让软件变得有个性、有品位，还能让软件的操作变得舒适、简单、自由，充分体现软件的定位和特点。

界面的设计要素包括明确意义的图标和风格鲜明的版面设计。在中国，随着移动互联网的迅速发展，整个行业的规模越发庞大，分工逐渐细化，UI 设计的好坏直接影响了一款 App 产品的成败，精美的界面设计、良好的用户体验可以使产品焕发生命力、增进用户的使用黏度与口碑传播，由此可见手机 UI 设计的重要性。

本章主要学习 Photoshop 在手机 UI 设计中的图标及 App 页面的设计应用。

本章工作任务

近年来，企业对 UI 设计师的要求不只是会平面设计，还需要掌握移动 UI 设计、网站 UI 设计等技术。本章重点学习 Photoshop 在手机 UI 设计中的运用，并完成手机图标以及手机 App 页面的设计制作。

本章技能目标

- 掌握用 Photoshop 设计、制作手机图标的方法。
- 掌握 Photoshop 在手机 App 的设计制作中的使用方法。
- 了解 Photoshop 在手机 UI 领域的其他应用中的使用方法。

预习作业

（1）手机图标的设计规范是什么？

（2）手机 App 设计方法及思路是什么？

（3）列举 Photoshop 在手机 UI 设计中的其他应用。

10.1 手机图标设计

➢ 完成效果

完成效果如图 10.1 所示。

图 10.1 完成效果

➢ 手机主题图标设计介绍

设计手机主题图标首先要确定是采用写实的 3D 图标，还是采用平面化的图标；其次要确定风格，如简洁大方、古朴厚重、晶莹剔透。

视觉上，整个界面中的图标不宜过大，每个图标的大小也应相似。一般 iPhone 的图标尺寸为 114×114 像素，圆角半径为 20 像素；安卓手机的图标差异则比较大。

比较精致的图标，不管是平面图标还是 3D 图标，都有潜在的细节，诸如描边之类。这里所说的描边，不是局限在描一个黑黑的边，而是指在形体转折或是边缘处，有高光和阴影细节的处理，以渐变和图层逐渐透明的形式出现，一定要融合在图标里，制作出图标的微妙变化，显得丰富不单薄。如图 10.2 所示即为一些主题图标效果。

➢ 思路分析

- ★ 根据主题确定图标表现形式，选择是采用拟物化设计还是扁平化设计。
- ★ 根据规范设计图标。
- ★ 做好细节处理，图标更精致。

➢ 技术要点

- ★ 矢量工具的使用及运算。
- ★ 图层样式的运用。

➢ 实现步骤

（1）新建文件，尺寸为 200×200 像素，添加颜色，如图 10.3 所示。

图 10.2 主题图标

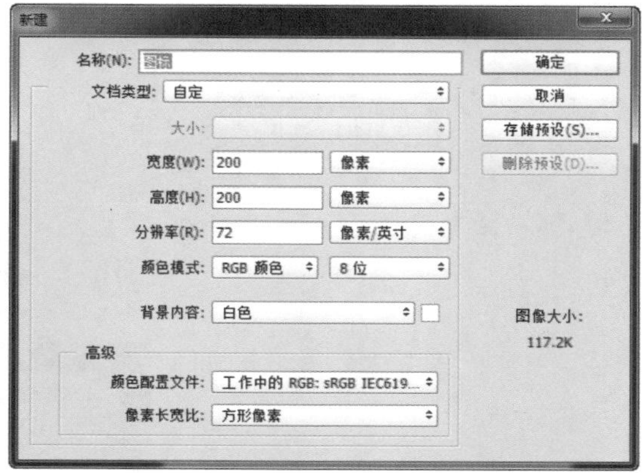

图 10.3 新建文件

（2）选择圆角矩形工具，绘制圆角矩形（144×144 像素，r=20），添加“斜面和浮雕”“渐变叠加”“投影”图层样式，如图 10.4 所示。效果如图 10.5 所示。

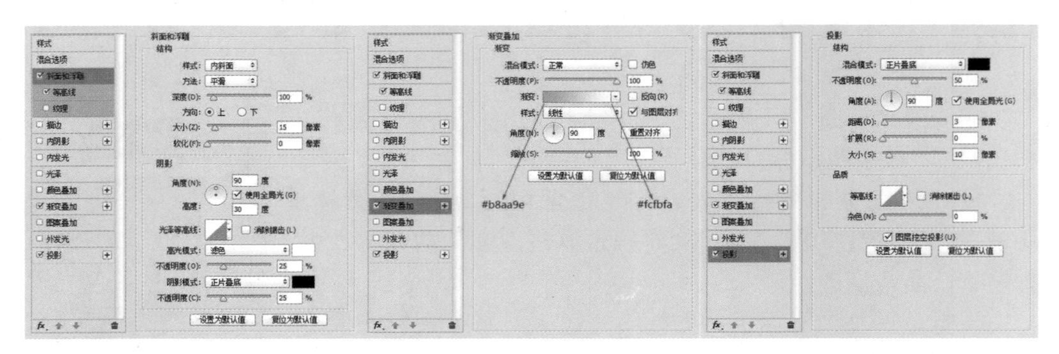

图 10.4　绘制圆角矩形

图 10.5　壳体效果

（3）选择圆角矩形工具，绘制圆角矩形（116×80 像素，r=30），添加“内发光”和“渐变叠加”图层样式，如图 10.6 所示。效果如图 10.7 所示。

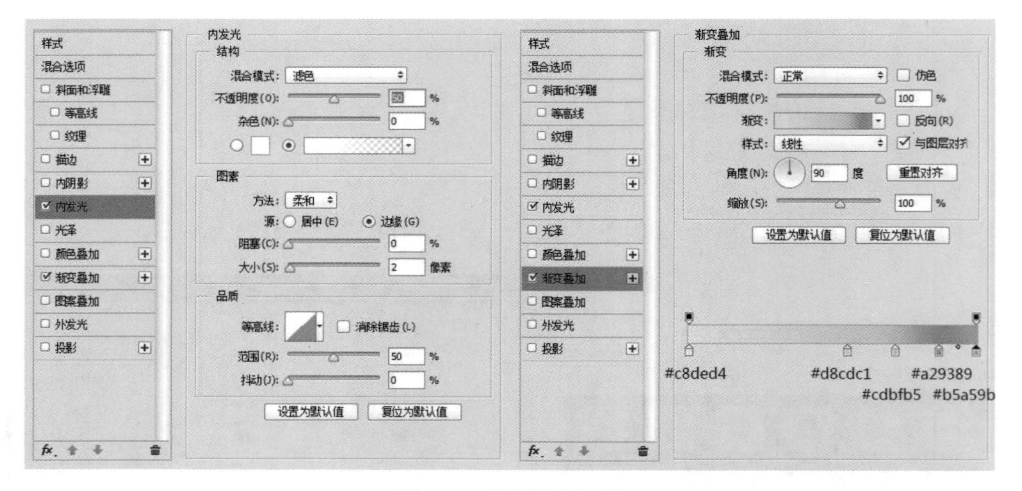

图 10.6　绘制圆角矩形

图 10.7　壳体凹陷效果

（4）选择圆角矩形工具，绘制圆角矩形（100×64 像素，r=25），命名为“屏幕”，并复制圆角矩形“屏幕 拷贝”，隐藏备用。为“屏幕”添加“内阴影”“内发光”“渐变叠加”“外发光”图层样式，如图 10.8 所示。效果如图 10.9 所示。

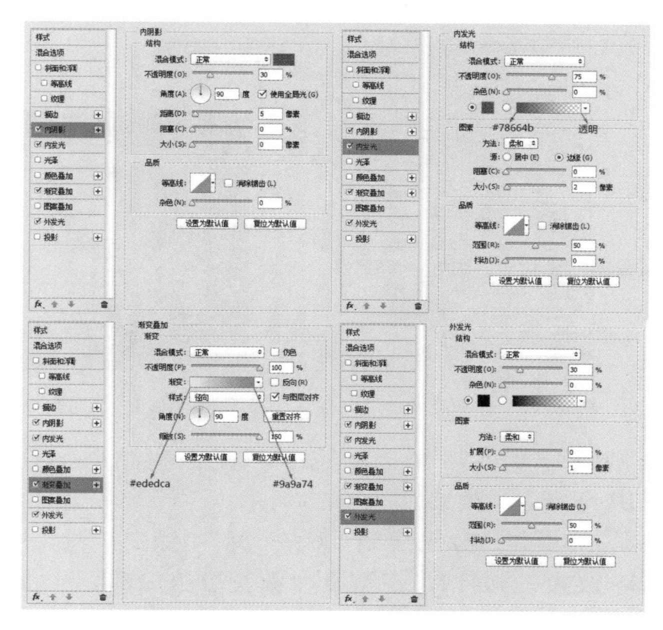

图 10.8　屏幕制作

图 10.9　屏幕效果

（5）显示“屏幕 拷贝”，再次复制 3 次，隐藏备用。将“屏幕 拷贝”转换为智能对象，并添加杂色，如图 10.10 所示。更换其混合模式为“柔光”，效果如图 10.11 所示。

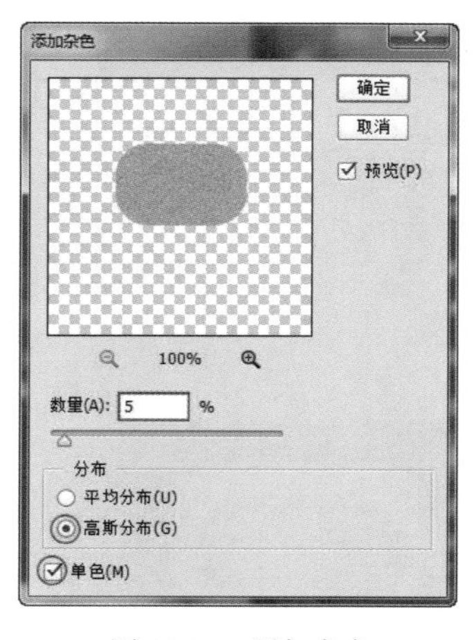

图 10.10　添加杂色

图 10.11　添加杂色效果

（6）将隐藏备用的图像打开任意两个，进行图形运算得出“高光 1”；新建椭圆（280×160 像素），第三个隐藏备用的图形运算得出“高光 2”。将“高光 1”和“高光 2”的不透明度调整为 30%，效果如图 10.12 所示。

（7）选择椭圆工具，绘制椭圆（30×30 像素），添加“投影”效果，如图 10.13 所示。效果如图 10.14 所示。

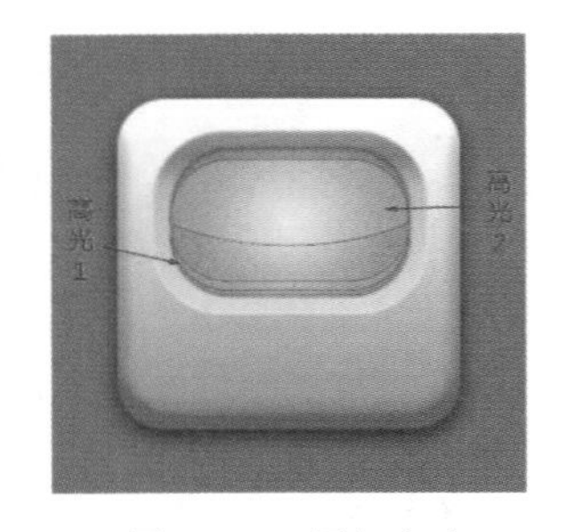

图 10.12　添加高光

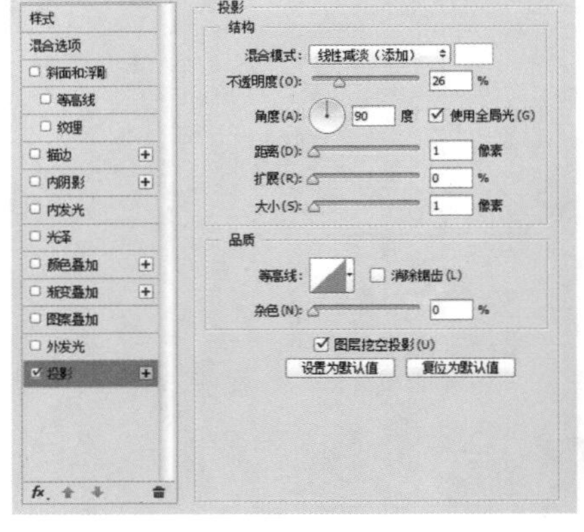

图 10.13　按钮孔制作

图 10.14　按钮孔效果

（8）选择椭圆工具，绘制圆形（24×24 像素），添加“斜面和浮雕”“外发光”“投影”图层样式，如图 10.15 所示。效果如图 10.16 所示。

（9）重复步骤（7）和（8）的操作，分别绘制“红”“黄”“绿”按钮（按钮孔：24×24 像素，按钮：18×18 像素）。其中，在重复步骤（7）的基础上，添加“颜色叠加”图层样式，分别添加“红色”“黄色”“绿色”；重复步骤（8）时注意，投影颜色，分别选择“深红”“深黄”“深绿”。效果如图 10.17 所示。

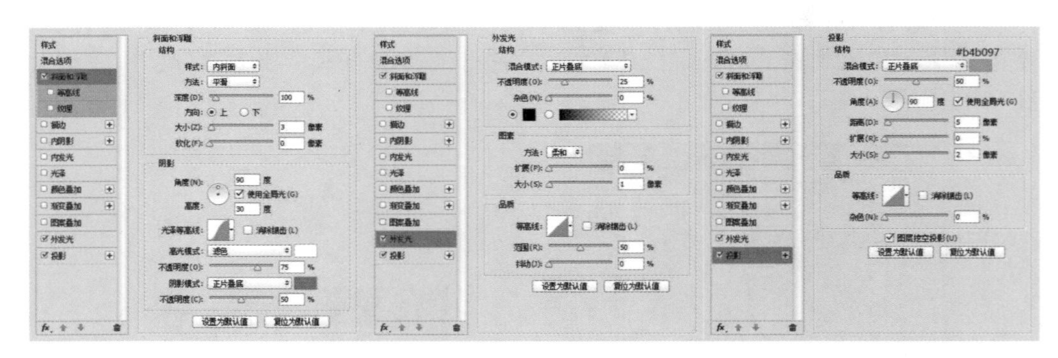

图 10.15　主按钮制作

图 10.16　主按钮效果

图 10.17　按钮效果

（10）使用矢量工具绘制按钮符号，将其打包为组，在组上添加“内阴影”图层样式，如图 10.18 所示。效果如图 10.19 所示。

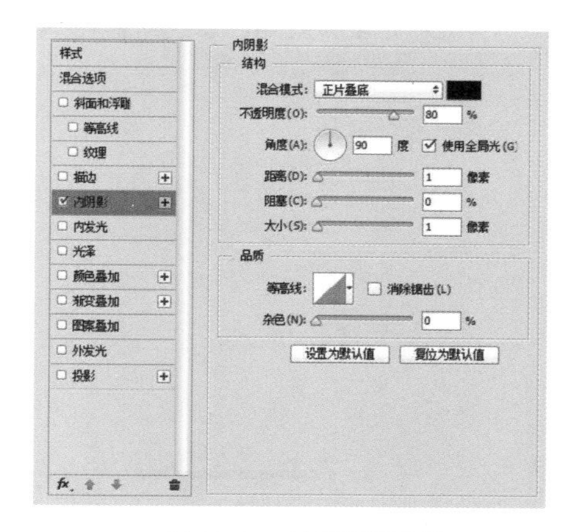

图 10.18 按钮浮雕制作

图 10.19 按钮浮雕效果

（11）完成后保存文件。

10.2 App 设计

➢ 素材准备

素材列表如图 10.20 所示。

图 10.20 素材列表

➢ 完成效果

完成效果如图 10.21 所示。

➢ App 设计介绍

App 原是英文 Application 的简称，由于智能手机的流行，现在的 App 多指智能手机的第三方应用程序。

随着移动互联网的普及，越来越多的 Web 产品开始布局移动端，很多企业也向这一领域进军，设计 App 时要以客户的需求为中心，避免掺杂个人的喜好。设计工作开始之前首先应该明确：用户群是哪些人群，都有哪些特点，需要为用户解决哪些问题，提供的设计方案一定是能够真正为用户解决问题的设计方案，而不是自己喜欢的设计方案。

App 中尺寸的规范也是比较重要的，下面以 iPhone 5 的尺寸为标准尺寸进行设计，如图 10.22 所示。

图 10.21　完成效果

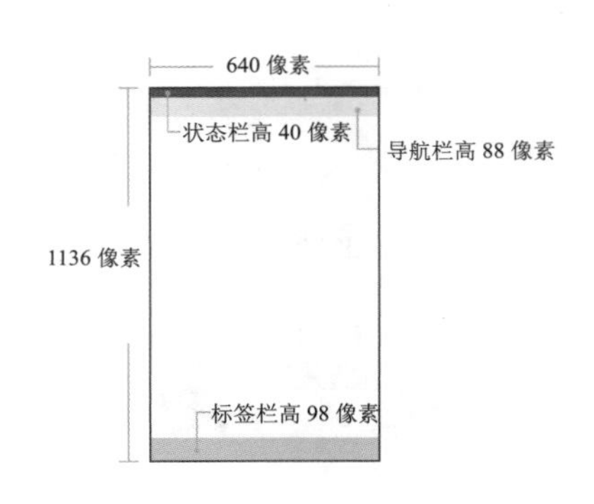

图 10.22　尺寸设计规范

➢ 思路分析

★ 风格定位，根据 App 的属性，确定其主色调，并将需要体现的元素内容进行相应的组合排列。

★ 功能 ICON 设计，例如本案例中，导航栏中的“添加联系人”“相机”ICON 图标的设计；还有底部菜单栏的一级页面的“郊游圈”“探索”“结伴”“我的”ICON 图标的设计。

★ 界面视效整体优化。

　⏩ 交互逻辑，如导航栏中“动态”和“广场”以及底部菜单栏中一级页面“郊游圈”“探索”“结伴”“我的”在选中和不选中的状态间进行区别。

　⏩ 动态与动态信息间，要有可视化的分隔。

　⏩ 动态图片间、图片与文字间、图片与头像间比例微调，符合视觉上协调。

➢ 技术要点

★ 按照 App 设计的规范，使用参考线将状态栏、导航栏、功能内容区和底部菜单栏分割开，如图 10.23 所示。

★ 按照功能将文件所包含的图层分为状态栏、导航栏、功能区和标签栏几个组，将其中的元素内容按照功能或者元素种类（如图片、文字）进行详细分组，如图 10.24 所示。

图 10.23　参考线

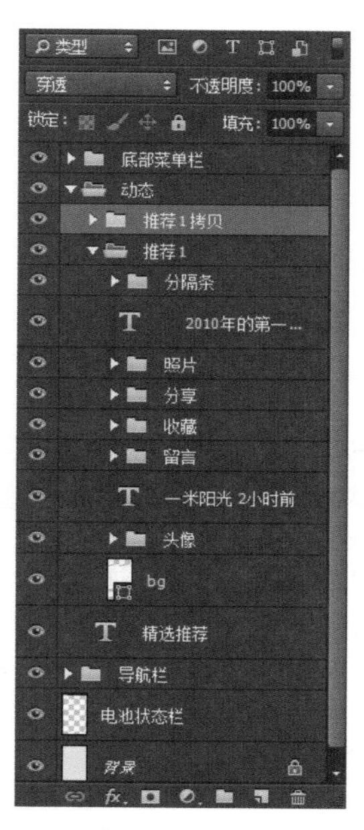

图 10.24　分组

★　因为是参照 iPhone 5 进行设计的，所以要使用苹方字体。

➢　实现步骤

（1）新建文件（640×1136 像素），如图 10.25 所示。

（2）按照 iPhone 5 标准尺寸规范，App 高度为 1136 像素，状态栏为 40 像素，导航栏为 88 像素，底部菜单栏为 98 像素，新建水平参考线；载入“状态栏”（提前制作完成），如图 10.26 所示。

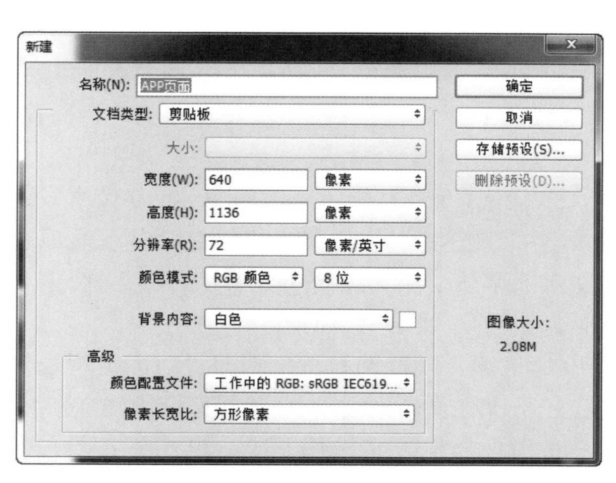

图 10.25　新建文件

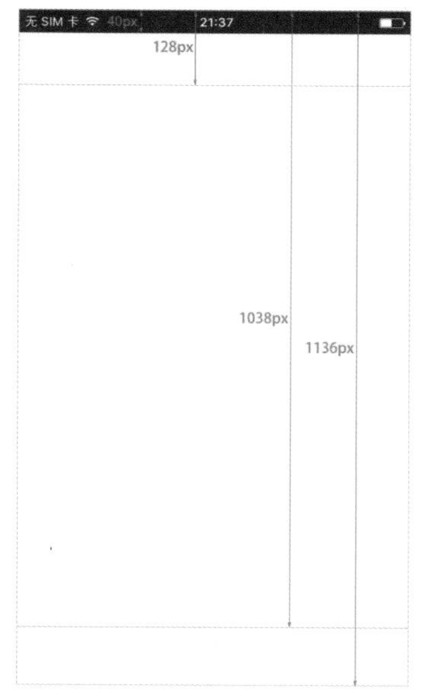

图 10.26　新建参考线

（3）使用矩形工具，绘制矩形（640×88 像素），填充主色（如 #7f2d00）；使用形状工具或钢笔工具及其运算绘制“添加联系人”和“相机”（#fff），使“添加联系人”中心距离左边框 40 像素，使“相机”中心距右边框 40 像素，如图 10.27 所示。

（4）添加导航选项“动态”（字体：苹方常规；字体大小：30；颜色：#fff）和“广场”（字体：苹方细体；字体大小：30；颜色：#eaddd6），两者间距 40 像素。使用矩形工具建立“所在页面显示条”（80×1 像素，#fff），与“动态”垂直居中，距导航栏底部 10 像素，如图 10.28 所示。

图 10.27　创建导航栏

图 10.28　添加导航选项

（5）添加“精选推荐”（字体：苹方常规；字体大小：24；颜色：#333），绘制“动态 1”矩形背景（640×620 像素，#fff），文字与“添加联系人”图标左对齐，于菜单导航栏和“动态 1”中间位置，背景距导航栏 50 像素，如图 10.29 所示。

（6）绘制头像椭圆（80×80 像素），距“动态 1”顶部 20 像素，距文件左部 40 像素，导入头像素材，调整其大小，使用剪贴蒙版，显现椭圆区域的图像；添加名称文字（字体：苹方粗体；字体大小：24；颜色：#333），添加发表时间文字（字体：苹方常规；字体大小：18；颜色：#888），名称和发表时间文字距头像 20 像素，效果如图 10.30 所示。

（7）绘制圆角照片矩形（180×180 像素，r=5），矩形间的距离为 10 像素，距头像 20 像素，水平居中，载入照片文件，调整其大小位置，使用剪贴蒙版显现圆角矩形区域的图像；添加心情段落文字（字体：苹方常规；字体大小：22 像素；颜色：#333；首行缩进），距照片矩形 20 像素，如图 10.31 所示。

（8）绘制 3 条水平分割线（640×1 像素，#d2d2d2），分别与“动态 1 背景”顶对齐，距“心情文字”20 像素，距上一分割线 65 像素；绘制垂直分割线（1×45 像素，#d2d2d2）两条，垂直距最后一条水平分割线上方 10 像素，其中一条距左边距 260 像素，另一条距右边距 260 像素，如图 10.32 所示。

图 10.29　添加“精选推荐”

图 10.30　制作头像

图 10.31　添加照片和心情文字

图 10.32　添加分割线

（9）使用形状工具和钢笔工具及其预算绘制“留言”“收藏”“分享”图标(#a0a0a0)，并添加相应数字，数字与图标相距 10 像素，图标组与垂直分割线垂直居中对齐，与对应的照片水平居中对齐，如图 10.33 所示。

（10）复制“动态 1”至“动态 1”下方 20 像素位置，如图 10.34 所示。

图 10.33 添加功能按钮

图 10.34 复制“动态 1”

（11）菜单栏制作：背景矩形（640×98 像素，#fff）；背景顶部绘制分割线（640×1 像素，#d2d2d2）；使用形状工具和钢笔工具绘制菜单按钮图标（50×50 像素左右），字体（字体：苹方常规；字体大小：18 像素），图标和字体组成的图标组件要绘制两组，将所填充颜色（#7f2d00）未描边的组件表示打开的一级菜单页面，将所描边（#898989）未填充颜色的组件关闭的一级菜单页面。将菜单栏分为 4 部分，每部分大小为 160×98 像素，每个组件和对应块水平居中对齐，如图 10.35 所示，效果如图 10.36 所示。

图 10.35 菜单栏分组情况

图 10.36 效果

（12）在“精选推荐”以及两动态之间没有添加背景，默认显示背景的白色。将白色的背景填充浅灰色（如 #e6e6e6）。确认无误后，保存文件。

技能训练

实战案例 1：“收音机”图标的制作

➢ 需求描述

制作如图 10.37 所示的图标。

➢ 技术要点

★ 形状工具及其运算。

★ 图层样式。

➢ 实现思路

根据理论课讲解的技能知识制作图标，应从以下两点予以考虑。

★ 绘制出轮廓。

★ 使用图层样式调整出立体的效果。

实战案例 2：App 设计

➢ 需求描述

接着理论讲解部分中手机页面的制作，实现“广场”页面的制作，如图 10.38 所示。

图 10.37　完成效果

图 10.38　完成效果

➢ 素材准备

素材列表如图 10.39 所示。

图 10.39　素材列表

➢ 技术要点

★ 页面标准化（包括对齐、分布、大小、颜色等标准统一化）。

★ 功能分块的设计安排。

★ 必要的参考线、准确分组。

➢ 实现思路

根据理论部分讲解的技能知识，制作“广场”页面制作，应从以下 3 点予以考虑。

★ 风格定位，确定主色调；功能模块的设计制作。

★ ICON 图标的制作。

★ 界面交互逻辑、视觉比例整体微调优化。

本章总结

本章主要学习了 Photoshop 在手机 UI 设计中的应用，随着移动互联网的发展，手机成为人们生活中不可或缺的一部分，人们可以使用手机打车、订餐、买车票、购物、办公、交友……手机 App 有很多，怎样才能获得用户的青睐呢？最重要的就是手机 UI 的设计，一个好的 App，手机图标是简洁大方的，能让用户愿意下载。手机界面美观、操作逻辑清晰，能使用户愿意继续使用。在手机 UI 设计中，合理的图层、参考线创建、字体与图像的排版等，为设计提供了方便，通过本章的学习，读者对手机 UI 设计有了初步了解，为今后学习手机 UI 设计提供了帮助。

第 11 章
网站设计

本章简介

网页设计（WUI），是根据企业希望向浏览者传递的信息（包括产品、服务、理念、文化）而进行网站功能策划，然后进行页面设计美化的工作。作为企业对外宣传的一种方式，精美的网页设计对于提升企业的互联网品牌形象至关重要。

网页设计一般分为 3 大类：功能型网页设计（服务网站）、形象型网页设计（品牌形象站）、信息型网页设计（门户站），设计目的不同，应选择不同的网页策划与设计方案。网站设计的目标，是通过使用更合理的颜色、字体、图片、样式进行页面设计美化，在功能限定的情况下，尽可能给予用户完美的视觉体验，高级的网页设计甚至会考虑到通过声光、交互等来实现更好的视觉感受。

本章主要学习 Photoshop 在网站设计中的 banner 及网页的设计应用。

本章工作任务

随着互联网的快速发展，企业和用户都越来越重视用户体验，网站体验好不好也决定了是否能留住用户。电子商务的快速发展也带动了 UI 设计行业的发展，对于电子商务平台所有的商品都是通过图片呈现给用户的，商品图片处理的好不好直接决定了用户是否购买。本章重点任务是：学习 Photoshop 在网页设计，尤其是电子商务网站中的应用，并能够完成电商 banner 以及网页的设计制作。

本章技能目标

- 掌握 banner 的设计方法。
- 掌握网页设计的注意事项及设计技巧。
- 了解 Photoshop 在网站设计中的其他应用。

预习作业

（1）banner 在网站中的作用及进行设计时的注意事项。

（2）网页设计的方法与技巧。

（3）网页设计的发展趋势。

（4）列举 Photoshop 在网站设计中的其他应用。

11.1 电商 banner 设计

➢ 素材准备

素材如图 11.1 所示。

图 11.1 连衣裙素材

➢ 完成效果

完成效果如图 11.2 所示。

图 11.2 完成效果

➢ 电商 banner 设计介绍

banner 作为网页的横幅广告，主要体现产品的中心主题，形象鲜明，表达最主要的情感思想或宣传中心。在电商设计中，banner 是设计最多的一个。一个有力的 banner，具有宣传、展示、准确传达信息的作用。

当制作 banner 时，如果没有特别的要求，可以有很多选择方向，首先要明确想要突出什么信息，是突出商品？突出文字？突出整体的氛围？强调整体的协调感？还是强调品牌？一般来说，一个好的 banner 首先要保证信息传达准确，然后需要保证画面的协调感和氛围。如果有能力，还要达到富有视觉冲击力、画面不单调、富有创意等视觉美感的要求。

如图 11.3 ～图 11.5 所示为一些 banner 图赏析。

图 11.3　食物 banner

图 11.4　靴子 banner

图 11.5　热水器 banner

➢ 思路分析

★ 为了整体协调，并突出连衣裙，背景色要柔和，同时带给浏览表“夏日清凉”的感觉。

★ 文案上要有跳跃，以强调“夏日连衣裙”这个主题。

★ 整体布局使用“左中右”布局，保持整个页面的平衡性。

➢ 技术要点

★ 关于抠图，要灵活使用各种抠图工具，必要时可以交错使用不同的抠图方式。边界对比明晰，可以使用选区快速抠取图像；对抠图质量要求比较高的，可以使用钢笔工具抠取出比较精准的边缘；对于半透明、有毛发的图像，使用通道抠图。

★ 关于排版，要有大小的跳跃、颜色的跳跃，要和产品的风格相近。

★ 关于风格，要把控色彩的使用，灵活使用渐变、线条、图像合成等。

➢ 实现步骤

（1）新建文件，尺寸为 900×360 像素，如图 11.6 所示。

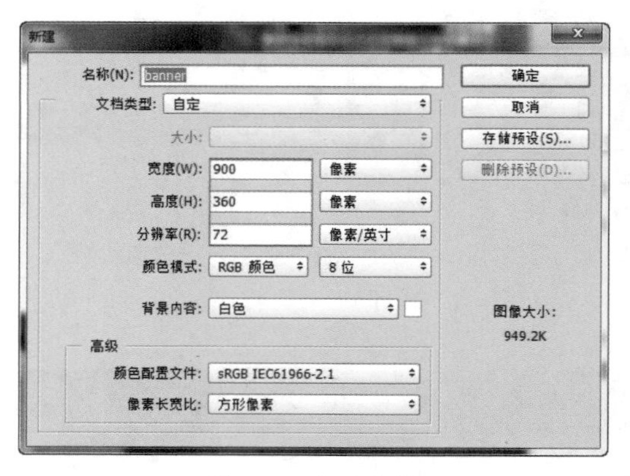

图 11.6 新建文件

（2）新建图层，再新建垂直居中的参考线，将图层分为两部分，左侧添加淡蓝色（#40dddd），右侧添加淡紫色（#b066a6），如图 11.7 所示。

图 11.7 填充背景色

（3）选择多边形工具，在其选项栏中设置边为 3，按住 Shift 键，向下拖曳鼠标，形成一个倒置的正三角形，填充为淡红色（#eb6464），移动鼠标指针至垂直居中位置，如图 11.8 所示，这样背景就完成了。

图 11.8 制作背景

（4）打开“连衣裙 1.jpg”素材文件，打开“通道”面板，复制背景对比比较大的“蓝”通道，如图 11.9 所示。

（5）按 Ctrl+L 快捷键，打开“色阶”对话框，调节模特与背景的对比度，如图 11.10 所示。

图 11.9　复制“蓝”通道

图 11.10　调整对比度

（6）使用画笔工具，将模特部分涂黑，其余部分涂白，如图 11.11 所示。

（7）按住 Ctrl 键，单击“蓝 拷贝”通道的缩略图，将其载入通道，单击 RGB 通道，返回“图层”面板，按 Ctrl+Shift+I 组合键反选，按 Ctrl+J 快捷键复制选区内容，如图 11.12 所示。

图 11.11　将模特部分涂黑、背景涂白

图 11.12　抠出“连衣裙 1”

（8）重复步骤（4）～（7），将“连衣裙 2.jpg”中的模特抠出，如图 11.13 所示。

图 11.13　抠出“连衣裙 2”

（9）将抠出的模特移动到 banner 文件中，调整其大小位置，如图 11.14 所示。

图 11.14　导入“模特”

（10）添加文字效果和店铺链接，最终效果如图 11.15 所示。

图 11.15　最终效果

11.2　网页设计

➢　素材准备

素材列表如图 11.16 所示。

图 11.16　素材列表

➢ 完成效果

完成效果如图 11.17 所示。

图 11.17　完成效果

➢ 网页界面设计介绍

网站设计要能充分吸引浏览者的注意力，让浏览者产生视觉上的愉悦感。因此，在网页创作时必须将网站的整体设计与网页设计的相关原理紧密结合起来。网站设计是将策划案中的内容、网站的主题模式，结合自己的认识，通过艺术的手法表现出来；而网页制作通常是将网页设计师设计出来的设计稿按照 W3C 规范，用 HTML 将其制作成网页格式。

网站按照主题性质不同可分为企业宣传网站、服务型网站（电商网站、视频网站等）和门户型网站，如图 11.18 ～图 11.20 所示。

图 11.18　企业宣传网站

图 11.19　服务型网站

图 11.20　门户型网站

一般网页的布局都是从上往下的布局，如图 11.21 所示。未来网站设计，主要具有单页面、响应式设计、视差滚动、超大号图片 / 视频、聚焦简洁等特点。

➢ 思路分析

★ 页面结构的布局设计。

★ 网站配色的确立，包括主色、配色。

★ 功能架构和板块的详细设计。

⏩ 导航区。此模块是功能的索引区域，用户通过此区域寻找自己需要的功能模块。

⏩ 内容区。主要的作用是将内容按照不同的分类展示出来，包括左侧“文章”的文字内容、“作品”的图片介绍内容、“视频”的内容，右侧的话题、达人、料理的排名榜单。让用户对页面内容有清晰的认识。

➢ 技术要点

★ 使用参考线来准确划分页面结构。参考线在页面布局中的主要作用就是位置对齐，美味网站中各大布局都分为很多子模块，子模块与子模块之间要实现水平或者垂直对齐，需要用参考线来调整，如图 11.22 所示。

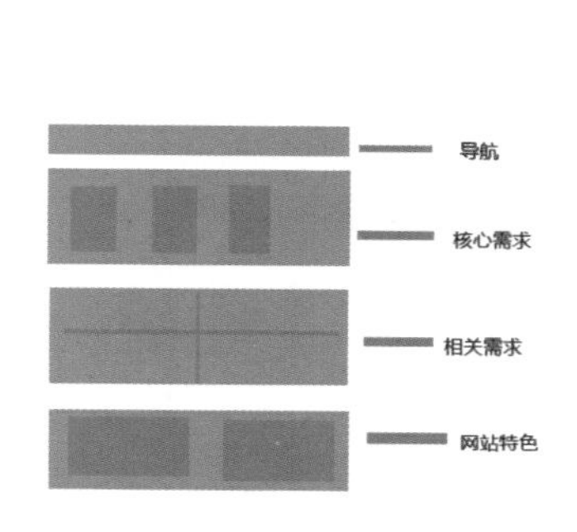

图 11.21　网页布局

图 11.22　添加参考线

★ 合理使用图层及图层组，使图层结构清晰。使用 Photoshop 设计本网页，使用的元素非常多，包括图片、文字等，元素和图层会超过上千个。根据布局位置的不同，把同一布局位置的元素整理到同一图层文件夹中，会避免元素出现混乱，如图 11.23 所示。

★ 注意页面的合理用色和颜色之间的搭配；页面的两大组成元素是文字和图片，字体网页字与效果字的设置、图片间合理的主次关系，可使图片的摆放层次鲜明、比例匀称。

图 11.23　图层分组

➢ 实现步骤

（1）新建文件，宽度为1920像素，高度为6000像素（暂定），如图11.24所示。

（2）顶部状态栏制作：新建矩形（1920×45像素），填充深色（如#272829），与背景水平居中顶对齐，添加相应文字（字体大小：20；颜色：#d6d6d6），如图11.25所示。

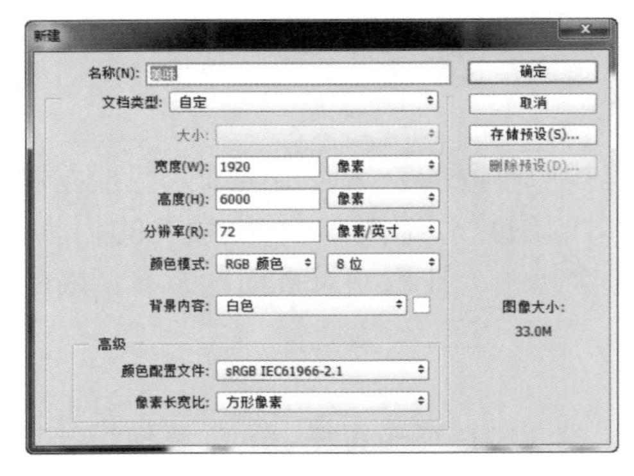

图11.24　新建文件

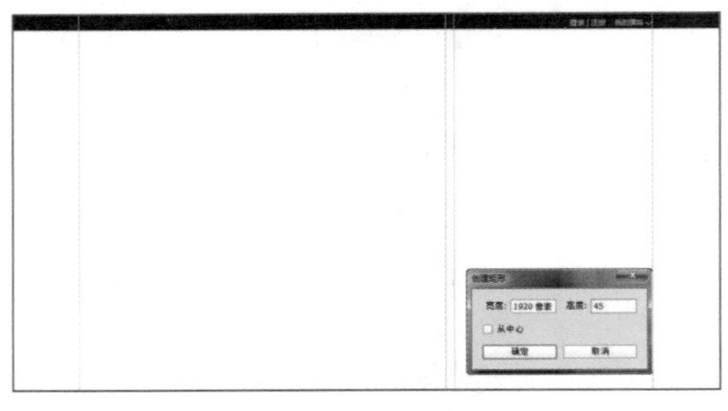

图11.25　新建顶部状态栏

（3）菜单栏高120像素。其中，Logo（165×80像素，#f06948）垂直居中；菜单选项（字体大小：30；颜色：#272829）、搜索框（默认搜索文字大小和颜色：20，#888；边框：3像素，#f06948）与Logo底对齐；底部添加分割条（1920×1像素，#f06948），效果如图11.26所示。

图11.26　菜单栏的制作

（4）左上内容区——文章，距菜单栏50像素。标题行高为40像素，其中，标题字体大小为36，颜色为#272829；链接标题字体大小为20，颜色为#888，与标题底对齐，距离文章列表25像素；文章列表间距为15像素，其中，列表图片尺寸为180×180像素，列表标题的文字大小为24，颜色为#f06948和#272829，内容段落部分文字大小为20，颜色为#585858，行高为36像素。制作完的效果如图11.27所示。

图 11.27　内容区——文章

（5）左中内容区——料理，距文章内容栏 50 像素。标题行高为 40 像素，其中，标题字体大小为 36，颜色为 #272829；链接标题字体大小为 20，颜色为 #888，与标题底对齐，距离料理列表 25 像素；料理列表间距为 15 像素，其中，列表图片尺寸为 180×180 像素；列表间距为 15 像素；料理标题部分文字大小为 32，颜色为 #333；作者部分文字大小为 24，颜色为 #585858；料理数据部分文字大小为 18，颜色为 #888。制作完的效果如图 11.28 所示。

图 11.28　内容区——料理

（6）左下内容区——播客，距文章内容栏 50 像素。标题行高为 40 像素，其中，标题（字体大小：36；颜色：#272829）距播客窗口 25 像素；播客窗口尺寸为 996×560 像素；播客标题文字大小为 48；颜色为 #fff，播客说明（字体大小：24；颜色：#fff）距窗口底部 25 像素；缩略图尺寸为 175×100 像素，间距为 10 像素，距窗口底部 25 像素；播放按钮尺寸为 145×145 像素。注意，窗口文字应添加阴影；缩略图未选中状态应压黑。制作完的效果如图 11.29 所示。

（7）右上排榜区——热搜，距菜单栏 50 像素。标题行高为 40 像素，其中，标题（字体大小：36；颜色：#272829）距排榜话题 25 像素；排榜话题文字大小为 24 像素，颜色为 #585858；使用图形运算制作上升符号（颜色：#f06948）、下降符号（颜色：#00a0e0）、位置不变符号（颜色：#888）。制作完的效果如图 11.30 所示。

图 11.29　内容区——播客

图 11.30　排榜区——热搜

（8）右中排榜区——美味达人，距热搜栏 50 像素。标题行高为 40 像素，其中标题（字体大小：36；颜色：#272829）距离排榜达人 25 像素；排榜达人间的距离为 15 像素；排榜头像为矩形，尺寸为 100×100 像素；排榜达人名称字体大小为 28，颜色为 #272829；排榜粉丝数文字大小为 20，颜色为 #888；特长料理文字大小为 20，颜色为 #585858；关注按钮（90×35 像素，r = 5）字体大小为 20，颜色为 #d6d6d6。制作完的效果如图 11.31 所示。

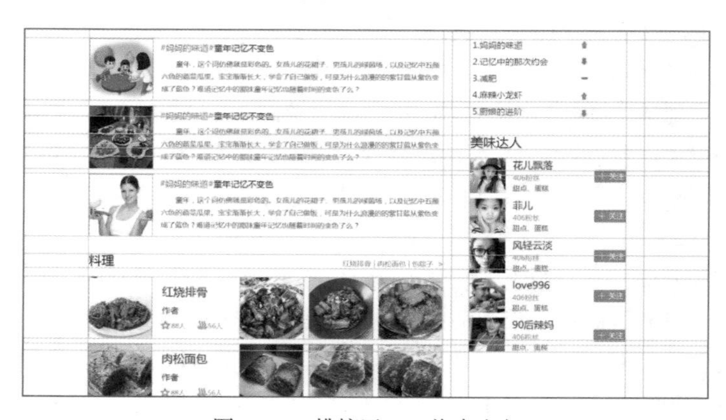

图 11.31　排榜区——美味达人

（9）右下排榜区——美味料理，距热搜栏 50 像素。标题行高为 40 像素，其中，标题（字体大小：36；颜色：#272829）距排榜料理 25 像素；排榜料理为椭圆形，尺寸为 110×110 像素；排榜料理名字体大小为 28，颜色为 #272829；料理制作人文字大小为 20，颜色为 #888；烹饪料理人数文字大小为 20，颜色为 #585858；收藏按钮（90×35 像素，r=5）字体大小为 20，颜色为 #d6d6d6。制作完的效果如图 11.32 所示。

图 11.32　排榜区——美味料理

（10）页脚（1920×300 像素，#272829）距播客栏 100 像素。其中 Logo（165×80 像素，#f06948）距页脚栏顶部 50 像素，与广告语水平居中；广告语（320×30 像素，#f06948）与网站主体左侧对齐。菜单栏水平居中，菜单标题字体大小为 24，颜色为 #d6d6d6；菜单主体字体大小为 22，颜色为 #d6d6d6；版权所有字体大小为 24，颜色为 #d6d6d6，水平居中；二维码（130×130 像素）字体大小为 22，颜色为 #d6d6d6。制作完的效果如图 11.33 所示。

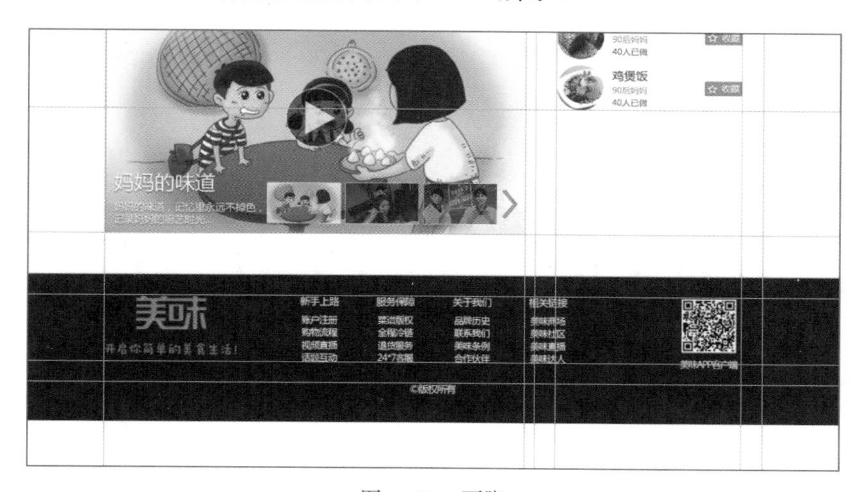

图 11.33　页脚

（11）使用裁剪工具裁剪多余部分，得到最终效果，如图 11.34 所示。

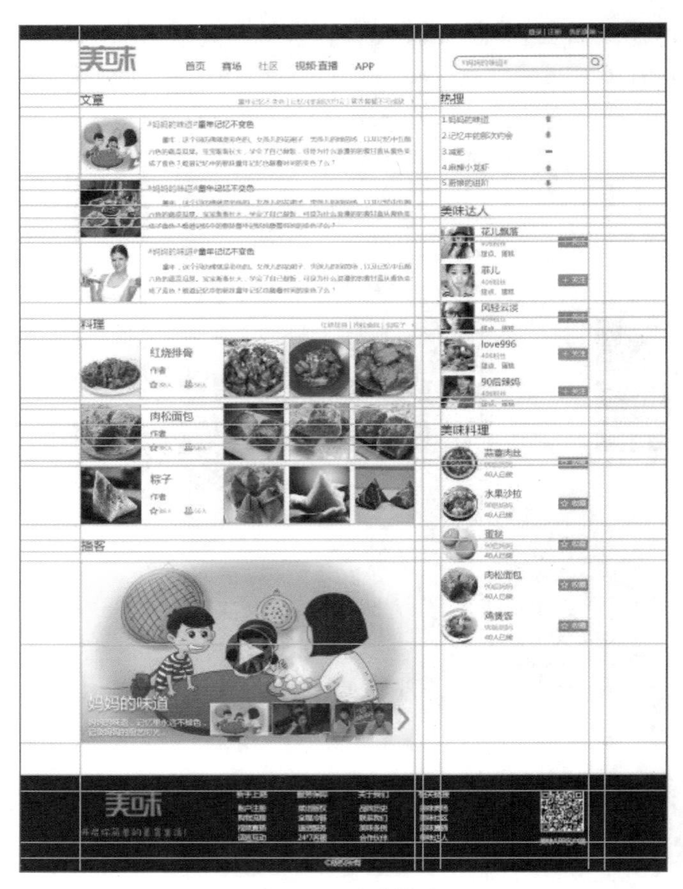

图 11.34 完成效果

技能训练

实战案例 1：运动鞋 banner 的设计制作

➢ 需求描述

根据素材制作运动鞋 banner，要求 banner 体现运动鞋的至少一个特征，如轻盈、时尚、舒适等，如图 11.35 所示。

图 11.35 运动鞋 banner 效果

➢ 技术要点

★ 展示运动鞋，选择需要的抠图工具，并根据风格添加光效、图案等。

★ 图像的排版要平衡，一般都是“左右”或者“左中右”排版布局。

★ 风格上，把控色彩的使用，灵活使用渐变、线条、图像合成等。

➢ 实现思路

根据理论课讲解的技能知识完成设计，从以下 3 点予以考虑。

★ 运动鞋风格的确立，例如要体现时尚效果，可以用到校园、年轻人等元素。

★ 特效文字要符合风格特色。

★ 整体布局使用“左右”或“左中右”布局，保持整个页面的平衡性。

实战案例 2：网站设计制作

➢ 需求描述

工作室网站的设计，要求用色柔和，风格简洁大方，布局合理，符合用户阅读习惯，如图 11.36 所示。

图 11.36 网站设计效果

➢ 素材准备

素材列表如图 11.37 所示。

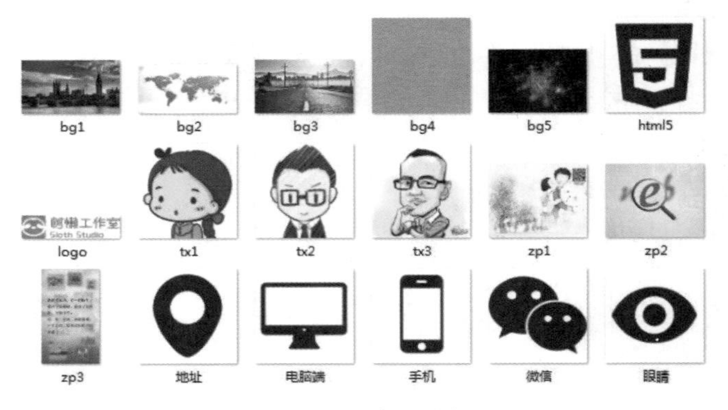

图 11.37　素材列表

➢ 技术要点

★ 页面结构的布局设计。

★ 网站配色的确立，包括主色、配色。

★ 功能架构和板块的详细设计。

➢ 实现思路

根据理论课讲解的技能知识完成设计，应从以下几方面考虑。

★ 使用参考线准确划分页面结构。参考线在页面布局中的主要作用是位置对齐，本网站中功能页面、选项栏都是通过参考线来对齐的。

★ 合理使用图层及图层组，使图层结构清晰。

★ 注意页面的合理用色和颜色之间的搭配；注意网页字与效果字的设置；注意图片在画面中的位置。

本 章 总 结

本章主要学习了 Photoshop 在网页设计中的应用，某个角度上 banner 是网站中不可或缺的部分，特别是在电商网站中，一个好的 banner 图能准确传达出产品的信息、特质，使消费者产生购买的欲望，从而促成销售。在网页设计中会用到较多的图层，对图层合理分组就显得特别重要；页面的元素比较多，相应的参考线的创建方便了各个不同元素、不同功能区的对齐；其次就是页面的风格设计，如主色调的确立、字体特效的实现、图像的层叠特效等。通过本章的学习，读者对网站设计有了初步的了解，为今后学习网站设计提供了帮助。

一般网页的布局都是从上往下的布局，如图 11.21 所示。未来网站设计，主要具有单页面、响应式设计、视差滚动、超大号图片 / 视频、聚焦简洁等特点。

➢ 思路分析

★ 页面结构的布局设计。

★ 网站配色的确立，包括主色、配色。

★ 功能架构和板块的详细设计。

⏩ 导航区。此模块是功能的索引区域，用户通过此区域寻找自己需要的功能模块。

⏩ 内容区。主要的作用是将内容按照不同的分类展示出来，包括左侧“文章”的文字内容、“作品”的图片介绍内容、“视频”的内容，右侧的话题、达人、料理的排名榜单。让用户对页面内容有清晰的认识。

➢ 技术要点

★ 使用参考线来准确划分页面结构。参考线在页面布局中的主要作用就是位置对齐，美味网站中各大布局都分为很多子模块，子模块与子模块之间要实现水平或者垂直对齐，需要用参考线来调整，如图 11.22 所示。

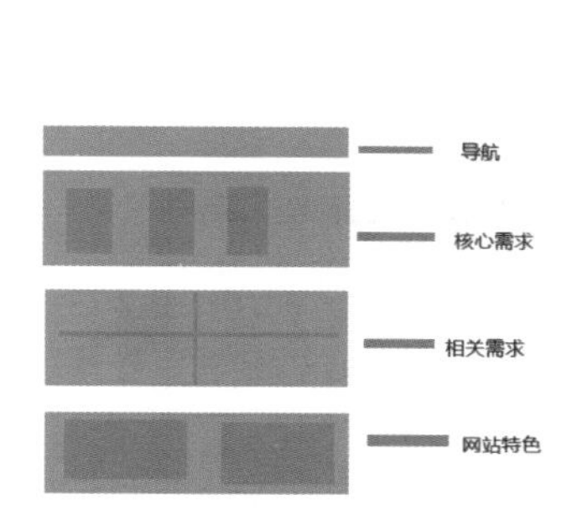

图 11.21　网页布局

图 11.22　添加参考线

★ 合理使用图层及图层组，使图层结构清晰。使用 Photoshop 设计本网页，使用的元素非常多，包括图片、文字等，元素和图层会超过上千个。根据布局位置的不同，把同一布局位置的元素整理到同一图层文件夹中，会避免元素出现混乱，如图 11.23 所示。

★ 注意页面的合理用色和颜色之间的搭配；页面的两大组成元素是文字和图片，字体网页字与效果字的设置、图片间合理的主次关系，可使图片的摆放层次鲜明、比例匀称。

图 11.23　图层分组

➢ 实现步骤

（1）新建文件，宽度为1920像素，高度为6000像素（暂定），如图11.24所示。

（2）顶部状态栏制作：新建矩形（1920×45像素），填充深色（如#272829），与背景水平居中顶对齐，添加相应文字（字体大小：20；颜色：#d6d6d6），如图11.25所示。

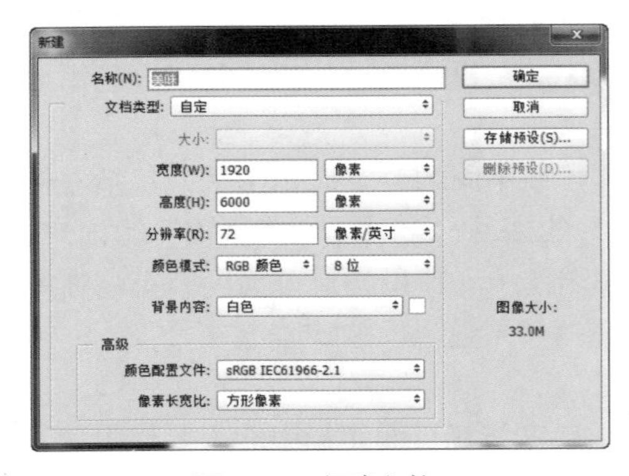

图 11.24 新建文件

图 11.25 新建顶部状态栏

（3）菜单栏高120像素。其中，Logo（165×80像素，#f06948）垂直居中；菜单选项（字体大小：30；颜色：#272829）、搜索框（默认搜索文字大小和颜色：20，#888；边框：3像素，#f06948）与Logo底对齐；底部添加分割条（1920×1像素，#f06948），效果如图11.26所示。

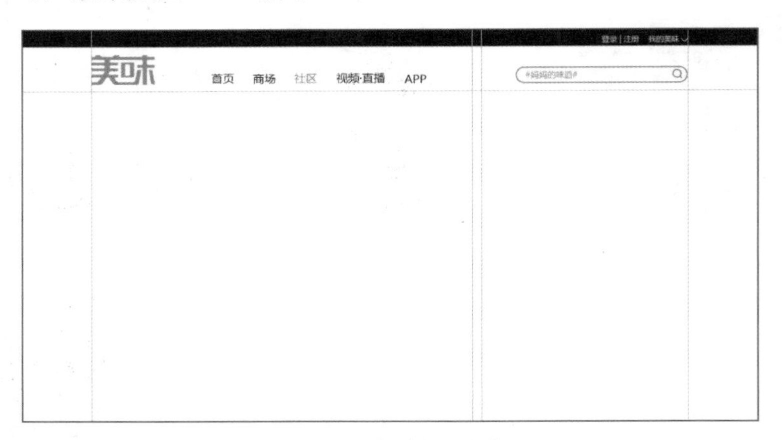

图 11.26 菜单栏的制作

（4）左上内容区——文章，距菜单栏50像素。标题行高为40像素，其中，标题字体大小为36，颜色为#272829；链接标题字体大小为20，颜色为#888，与标题底对齐，距离文章列表25像素；文章列表间距为15像素，其中，列表图片尺寸为180×180像素，列表标题的文字大小为24，颜色为#f06948和#272829，内容段落部分文字大小为20，颜色为#585858，行高为36像素。制作完的效果如图11.27所示。

图 11.27　内容区——文章

（5）左中内容区——料理，距文章内容栏 50 像素。标题行高为 40 像素，其中，标题字体大小为 36，颜色为 #272829；链接标题字体大小为 20，颜色为 #888，与标题底对齐，距离料理列表 25 像素；料理列表间距为 15 像素，其中，列表图片尺寸为 180×180 像素；列表间距为 15 像素；料理标题部分文字大小为 32，颜色为 #333；作者部分文字大小为 24，颜色为 #585858；料理数据部分文字大小为 18，颜色为 #888。制作完的效果如图 11.28 所示。

图 11.28　内容区——料理

（6）左下内容区——播客，距文章内容栏 50 像素。标题行高为 40 像素，其中，标题（字体大小：36；颜色：#272829）距播客窗口 25 像素；播客窗口尺寸为 996×560 像素；播客标题文字大小为 48；颜色为 #fff，播客说明（字体大小：24；颜色：#fff）距窗口底部 25 像素；缩略图尺寸为 175×100 像素，间距为 10 像素，距窗口底部 25 像素；播放按钮尺寸为 145×145 像素。注意，窗口文字应添加阴影；缩略图未选中状态应压黑。制作完的效果如图 11.29 所示。

（7）右上排榜区——热搜，距菜单栏 50 像素。标题行高为 40 像素，其中，标题（字体大小：36；颜色：#272829）距排榜话题 25 像素；排榜话题文字大小为 24 像素，颜色为 #585858；使用图形运算制作上升符号（颜色：#f06948）、下降符号（颜色：#00a0e0）、位置不变符号（颜色：#888）。制作完的效果如图 11.30 所示。

图 11.29　内容区——播客

图 11.30　排榜区——热搜

（8）右中排榜区——美味达人，距热搜栏 50 像素。标题行高为 40 像素，其中标题（字体大小：36；颜色：#272829）距离排榜达人 25 像素；排榜达人间的距离为 15 像素；排榜头像为矩形，尺寸为 100×100 像素；排榜达人名称字体大小为 28，颜色为 #272829；排榜粉丝数文字大小为 20，颜色为 #888；特长料理文字大小为 20，颜色为 #585858；关注按钮（90×35 像素，r = 5）字体大小为 20，颜色为 #d6d6d6。制作完的效果如图 11.31 所示。

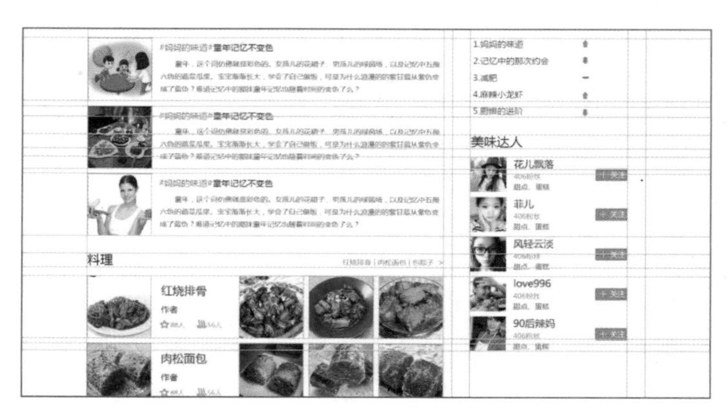

图 11.31　排榜区——美味达人

（9）右下排榜区——美味料理，距热搜栏 50 像素。标题行高为 40 像素，其中，标题（字体大小：36；颜色：#272829）距排榜料理 25 像素；排榜料理为椭圆形，尺寸为 110×110 像素；排榜料理名字体大小为 28，颜色为 #272829；料理制作人文字大小为 20，颜色为 #888；烹饪料理人数文字大小为 20，颜色为 #585858；收藏按钮（90×35 像素，r=5）字体大小为 20，颜色为 #d6d6d6。制作完的效果如图 11.32 所示。

图 11.32　排榜区——美味料理

（10）页脚（1920×300 像素，#272829）距播客栏 100 像素。其中 Logo（165×80 像素，#f06948）距页脚栏顶部 50 像素，与广告语水平居中；广告语（320×30 像素，#f06948）与网站主体左侧对齐。菜单栏水平居中，菜单标题字体大小为 24，颜色为 #d6d6d6；菜单主体字体大小为 22，颜色为 #d6d6d6；版权所有字体大小为 24，颜色为 #d6d6d6，水平居中；二维码（130×130 像素）字体大小为 22，颜色为 #d6d6d6。制作完的效果如图 11.33 所示。

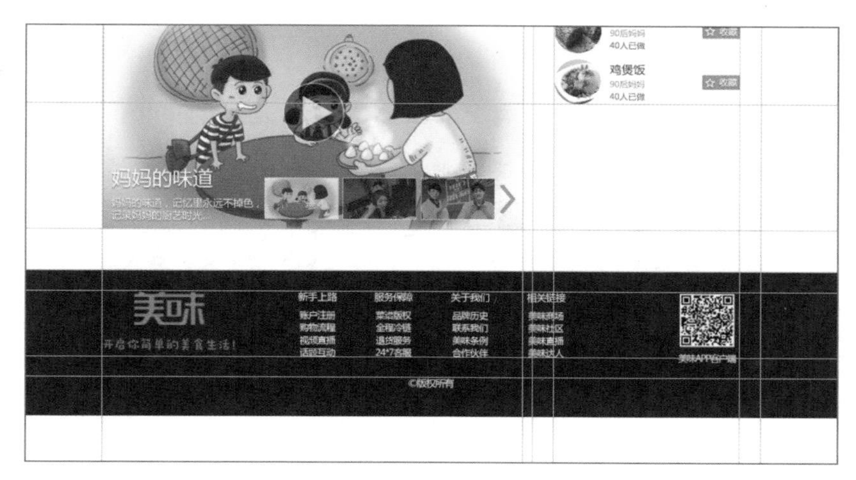

图 11.33　页脚

（11）使用裁剪工具裁剪多余部分，得到最终效果，如图 11.34 所示。

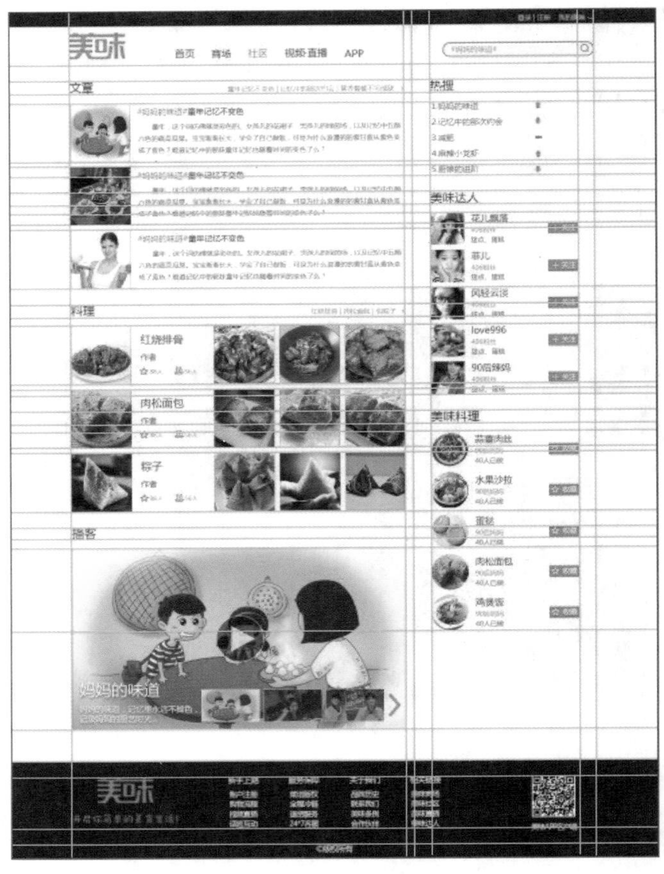

图 11.34　完成效果

技能训练

实战案例 1：运动鞋 banner 的设计制作

➢　需求描述

根据素材制作运动鞋 banner，要求 banner 体现运动鞋的至少一个特征，如轻盈、时尚、舒适等，如图 11.35 所示。

图 11.35　运动鞋 banner 效果

➢　技术要点

★　展示运动鞋，选择需要的抠图工具，并根据风格添加光效、图案等。

★ 图像的排版要平衡，一般都是“左右”或者“左中右”排版布局。

★ 风格上，把控色彩的使用，灵活使用渐变、线条、图像合成等。

➢ 实现思路

根据理论课讲解的技能知识完成设计，从以下 3 点予以考虑。

★ 运动鞋风格的确立，例如要体现时尚效果，可以用到校园、年轻人等元素。

★ 特效文字要符合风格特色。

★ 整体布局使用“左右”或“左中右”布局，保持整个页面的平衡性。

实战案例 2：网站设计制作

➢ 需求描述

工作室网站的设计，要求用色柔和，风格简洁大方，布局合理，符合用户阅读习惯，如图 11.36 所示。

图 11.36 网站设计效果

➢ 素材准备

素材列表如图 11.37 所示。

图 11.37 素材列表

➢ 技术要点

★ 页面结构的布局设计。

★ 网站配色的确立，包括主色、配色。

★ 功能架构和板块的详细设计。

➢ 实现思路

根据理论课讲解的技能知识完成设计，应从以下几方面考虑。

★ 使用参考线准确划分页面结构。参考线在页面布局中的主要作用是位置对齐，本网站中功能页面、选项栏都是通过参考线来对齐的。

★ 合理使用图层及图层组，使图层结构清晰。

★ 注意页面的合理用色和颜色之间的搭配；注意网页字与效果字的设置；注意图片在画面中的位置。

本 章 总 结

本章主要学习了 Photoshop 在网页设计中的应用，某个角度上 banner 是网站中不可或缺的部分，特别是在电商网站中，一个好的 banner 图能准确传达出产品的信息、特质，使消费者产生购买的欲望，从而促成销售。在网页设计中会用到较多的图层，对图层合理分组就显得特别重要；页面的元素比较多，相应的参考线的创建方便了各个不同元素、不同功能区的对齐；其次就是页面的风格设计，如主色调的确立、字体特效的实现、图像的层叠特效等。通过本章的学习，读者对网站设计有了初步的了解，为今后学习网站设计提供了帮助。

版权声明

为了促进职业教育发展、知识传播、学习优秀作品，作者在本书中选用了一些知名网站、企业的相关内容，包括：网站内容、企业 Logo、宣传图片、网站设计等。为了尊重这些内容所有者的权利，特此声明：

1. 凡在本资料中涉及的版权、著作权、商标权等权益，均属于原作品版权人、著作权人、商标权人所有。

2. 为了维护原作品相关权益人的权利，现对本书中选用的资料出处给予说明（排名不分先后）。

序　号	选用网站、作品、Logo	版 权 归 属
1	小米 Logo	北京小米科技有限责任公司
2	可口可乐 Logo	可口可乐（中国）饮料有限公司
3	联想 Logo	联想（北京）有限公司
4	苹果 Logo	苹果公司
5	中国移动 Logo	中国移动通信集团公司
6	OPPO Logo	欧珀移动通信有限公司
7	锤子 Logo	锤子科技（北京）有限公司
8	交通银行 Logo	交通银行股份有限公司
9	Olay 官网	保洁（中国）有限公司
10	苏宁易购官网	苏宁云商集团股份有限公司
11	凤凰网	凤凰新媒体

由于篇幅有限，以上列表中无法全部列出所选资料的出处，请见谅。在此，衷心感谢所有原作品的相关版权权益人及所属公司对职业教育的大力支持！